내가
선택한
최고의
여행

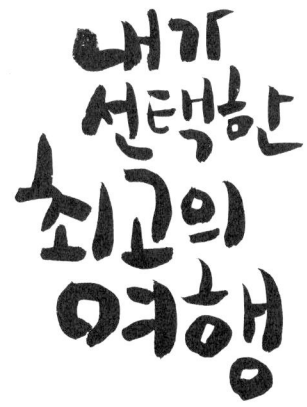

내가 선택한 최고의 여행

글·사진 **임운석**

시공사

여행은 절대적이지 않다. 개인의 상황과 환경에 따라 주관적이 될 수밖에 없다. 그런 점에서 '이거냐? 저거냐?'를 따지기에는 많은 무리수가 있다. 그럼에도 불구하고 여행과 여행을 책에서와 같이 비교하는 이유는 여행의 다양성을 열어놓기 위함이다. 이번 작업은 여행에 대해 깊이 있는 관찰의 과정이었다. 2년 동안 취재와 원고 작업을 하면서 '여행이란 무엇이고, 여행의 힘은 무엇인가?'에 많은 고민을 했다.

그 결과 '여행은 수동에서 능동으로의 변혁'이라는 첫 번째 답을 얻었다. 우리는 매일같이 정보의 바다를 누빈다. 아침에 일어나서 잠들기 전까지. 단 한순간도 스마트폰에서 눈을 떼지 않는다. 그러다 보니 수많은 정보가 우리의 무의식을 지배할 정도이다. 비단 여행도 다르지 않다. 과한 정보는 무엇보다 능동적으로 추진해야 할 여행을 수동적으로 하게 만들고 있다. 즉, 정보제공자가 전달하는 정보를 따라 가는 지극히 수동적이고 소극적인 여행이 되고 만다. 이 책에서는 어디서나 쉽게 구할 수 있는 여행정보들로 책을 채우기보다 여행자로서의 감성에 충실하려 노력했다. 책을 읽고 소개된 여행지를 찾아가는 독자를 생각하며 '나는 이렇게 느꼈어'라고 말하고 싶었다.

여행을 통해 얻은 두 번째 답은 '여행이란 비움보다 채움'이었다. 현대인들은 바쁘게 살아간다. 그래서 여행에서만큼은 상념들을 토해내듯 비워내고 싶어 한다. 그러나 정작 여행에서 비움을 경험할 수 있을까? "여행가서 마음 비우고 새 출발해야지."라며 여행을 떠났다가 돌아와서는 다시 원점인 경우를 수없이 경험하지 않았던가. 때문에 비우기보다 새로운 추억거리로 가슴을 채우는 게 중요하다. 여행의 기억들이 가슴 한편에 차곡차곡 채워질 때 일상의 무료함은 상큼한 레몬차를 마신 것처럼 활력을 되찾을 것이다. 이것이 여행이 주는 힘이요, 가치이다.

마지막 세 번째 답은 '여행은 집중'이었다. 여행을 지배하는 요소는 많다. 날씨, 장소, 시간, 경비, 동행자 등…. 그러나 이런 것들은 모두 외부적인 요소일 뿐 실제적인 여행의 주체가 될 수 없다. 이렇게 반문하고 싶을 게다. "여행 갔을 때 마음 맞는 사람과 좋은 날씨에 경비까지 넉넉하다면 더 바랄게 없어요." 정말 그럴까? 결론부터 말하면 절대 그렇지 않다. 모든 것이 충족되어도 감사하는 마음이 없다면 발에 맞지 않는 신발을 신고 천릿길을 걸어가는 방랑자와 무엇이 다른가. 여행은 조건이 아니라 내가 있는 이곳에 집중할 때 감사하게 된다. 나는 무감각하게 지나쳐버리는 풀벌레소리지만 누군가에는 악상을 떠올리는 영감이 될 수도 있고, 나는 비 때문에 여행일정을 망쳤다고 짜증내지만 누군가에게는 첫사랑을 추억케 하는 소재가 될 수도 있다.

영화 〈인사이드 아웃〉을 보면 핵심기억이라는 말이 나온다. 이것은 많은 기억들 중에서 특별히 감사, 기쁨, 슬픔, 분노 등 감정이 함께 저장된 추억을 일컫는 말로 해석된다. 여러분이 이 책을 통해서 아름다운 핵심기억을 많이 가지길 소망한다.

끝으로 책 출간에 많은 도움을 준 출판사 에디터와 여행을 함께한 아내, 영원하신 동반자 하나님께 감사한다.

여행작가 임운석

5

Contents

하동 십리벚꽃길
VS
거제 공곶이

아름다운 꽃비가 내리는 계절, 그윽한 향을 머금은 봄꽃을 찾아 유랑을
떠나본다. 애잔한 사랑의 울림을 전하는 동백꽃, 잘 익은 참외처럼
샛노란 개나리, 하늘에서 빛나는 별을 닮은 수선화, 가로수길에서
몽환적인 분위기를 자아내는 벚꽃, 강변을 노랗게 물들인 화사한
유채꽃까지. 봄꽃은 계절의 변화를 알리는 자명종이다. 꽃을 쫓는
나비가 되어 아지랑이 피는 따뜻한 남쪽으로 날아보자.

십리벚꽃길 ↑

공곶이 ↓

사랑이 이루어지는 꽃비 터널
하동 십리벚꽃길

봄날의 축복, 꽃비 되어 내리다

지리산 아래, 남해와 접한 평온한 땅. 이곳에 닷새마다 장이 열린다. '경상도와 전라도를 가로지르는 섬진강 줄기 따라…' 조영남 노래로 유명해진 화개장터다. 쌍계사 초입까지 이어지는 약 5km 길을 '십리벚꽃길'이라 부른다. 길을 달리는 동안 하늘에서 꽃비가 내리는 꿈만 같은 길이다.

십리벚꽃길은 '사랑하는 남녀가 두 손을 꼭 잡고 걸으면 사랑이 결실을 맺는다'하여 흔히 '혼례길'이라고도 부른다. 벚꽃이 절정에 이르면 선글라스를 끼지 않고서는 눈이 부셔 똑바로 보지 못할 만큼 찬란하다. 절정의 시기를 지나 몇 차례 꽃비가 내려도 아름다움은 절대 가시지 않는다. 나뭇가지, 땅바닥, 허공에까지 꽃잎이 푸지게 피었다. 천상에 온 듯한 황홀한 기분을 만끽하기 위해 찾아 오는 사람도, 차도 많다.

어른 허리보다 더 굵은 줄기를 가진, 나이 꽤나 먹은 벚나무가 화개천을 향해 서 있다. 물과 빛을 향한 본능적인 몸짓이다. 십리벚꽃길이 유독 아름다운 까닭은 벚나무 가지가 하늘을 덮을 만큼 높고 넓게 뻗어 있어서다. 두 번째는 섬진강 바람에 꽃잎이 흩날려서요. 세 번째는 푸른 차밭과 극명한 색 대비를 이루기 때문이다.

십리벚꽃길의 백미를 꼽으라면 화개삼거리에서 1.3km 떨어진 지점에서 시작되는 일방통행로다. 쌍계사 방향으로는 화개중학교, 화개장터 방향으로는 화개초등학교 부근이다. 전망대에 올라서면 일방통행로와 나란히 서 있는 벚나무를 한눈에 감상할 수 있다.

악양 들녘을 지키는 서희와 길상을 닮은 소나무

화개장터삼거리에서 섬진강 물길을 따라 9km 정도를 달리면 악양 들판이 펼쳐진다. 길가에는 여전히 벚꽃길이 이어진다. 인도가 없어 걷기 어려워도 눈은 호사를 누린다. 언덕배기에 초가와 기와집이 올망졸망 모여 앉은 곳이 박경리 대하소설 《토지》의 드라마 세트장이다. 세트라고 하기엔 정교하고 튼튼하게 지어졌다. 특산품 판매점, 체험 공방 등을 지나면 언덕 위 평평한 곳에 고래 등 같은 기와집이 눈에 들어온다. 소설 속 공간을 재현한 아흔아홉 칸 최참판댁이다. 돌담을 경계로 드라마 세트장과 주민들이 사는 집들이 어깨를 맞대고 옹기종기 붙어있다. 가상과 현실을 오가는 통로와 같다. 흰 수염이 멋진 '명예 최참판' 어르신도 현실과 드라마를 외줄타기 하듯 오간다. 별당 마루에 앉아 연못을 바라보거나 사랑채에서 들판을 내려다보자. 무엇을 하든지 그 순간만큼은 내가 길상이요, 서희다. '토닥토닥' 다듬이 소리가 고향집에 온 것처럼 마음을 평안하게 두드려준다. 솟을대문 너머 외롭게 서서 서로 의지하고 있는 두 그루의 소나무(부부송)가 보인다. 애틋한 사랑과 그리움을 간직했던 소설 속 서희와 길상을 닮았다.

고소산성 못미처 전망대에 오르면 악양 들판과 부부송이 한눈에 들어온다. 반듯반듯한 농로가 먹줄을 튕긴 듯 질서정연하다. 막힘없이 흐르는 유려한 섬진강은 또 다른 선(線)의 미학을 보여준다. 들판과 강변의 모습이 눈이 시리도록 곱다.

하동 이곳저곳 누비기

2009년 2월, 하동 악양은 국제슬로시티연맹으로부터 슬로시티로 인증받았다. 차 시배지로는 세계 최초였다. 악양면에 있는 대봉감마을은 옛날 임금님께 진상품으로 올리던 대봉감이 유명하다. 매년 10월 말에서 11월 초에 대봉감의 효능과 전통을 소개하는 축

화개장터의 대장간

드라마 〈토지〉 세트장인 최참판댁

꽃비 맞으며 19번 국도를 달리는 차량들 ↑

하동의 트레이드마크가 된 악양 들판 부부송 ↓

제가 열린다. 마을 입구에서 공영 자전거를 빌려 평사리 들판과 더불어 대봉감마을을 한 바퀴 둘러보면 좋다.

십리벚꽃길에서 하동 읍내 못미처 천연기념물 제445호로 지정된 송림공원이 나온다. 조선 영조 시대, 목민관이던 도호부사가 강물의 범람과 모래바람 등 자연재해를 막기 위해 만든 인공 소나무 숲이다. 300년이 넘은 아름드리 소나무가 군락을 이뤄 섬진강을 지척에 두고 그림처럼 펼쳐진다. 여름에는 울창한 숲 그늘과 강바람 덕분에 더위를 피할 수 있다.

하동차문화센터의 다례 체험

화개동천 차 시배지에서는 우리나라에서 가장 오래된 차 나무가 자란다. 《삼국사기》에 의하면 신라 흥덕왕 3년에 당나라에 사신으로 갔던 대렴이 차나무 종자를 들여왔다고 한다. 인근 하동차문화센터에서 하동차의 역사와 문화를 직접 경험할 수 있다. 하동 야생차의 재배 방법과 종류, 다기 전시물을 둘러본 후에 다도 체험을 신청하면 좋다. 차를 말리고 올바르게 대접하는 방법까지 체험해볼 수 있다.

info.

대중교통 서울남부터미널-하동터미널(3시간 50분 소요), 하동터미널에서 35-1번 버스 승차 후 화개 정류장 하차(60분 소요) / 문의: 서울남부터미널(02-521-8550), 하동터미널(055-883-2663)

내비게이션 최참판댁(경상남도 하동군 악양면 평사리, 055-880-2654), 화개장터(경상남도 하동군 화개면 탑리, 055-880-2383), 십리벚꽃길(경상남도 하동군 화개면 화개리, 055-880-2380), 대봉감마을(경상남도 하동군 악양면 대축길 26, 055-880-6109), 하동송림공원(경상남도 하동군 하동읍 섬진강대로 2107-8, 055-880-2377), 하동차문화센터(경상남도 하동군 화개면 쌍계로 571-25, 055-880-2895)

어디서 묵을까 십리벚꽃길 주변에 펜션이 여럿 있다. 화개장터 근처에 있는 화개펜션(055-884-6673)은 섬진강과 지리산 피아골이 지척이어서 볼거리가 많다. 사랑초펜션(010-8527-6689)은 여행 작가가 직접 운영하는 곳으로 펜션에서 내려다보는 남해 바다의 전망이 백만 불짜리다. 하동의 숨은 여행지를 소개받을 수 있다.

무엇을 먹을까 봄에 하동 벚꽃을 감상하러 간다면 섬진강에서 건져 올린 싱싱한 벚굴 요리를 놓치지 말자. 어른 손바닥만 한 크기를 자랑하는 벚굴은 아무 때나 먹을 수 있는 요리가 아니기에 더욱 미각을 자극한다. 원래는 '벙굴'이라 했는데, 벚꽃이 피는 3~4월에 가장 맛이 좋다고 해서 '벚굴'로 불리게 되었다. 구이, 튀김, 죽, 회무침 등 다양하게 즐긴다. 벚굴식당(055-883-4342)은 손수 벚굴을 채취하여 요리한다.

참게탕

문의: 화개장터관광안내소(055-883-5722), 악양종합관광안내소(055-880-2950)

진해 군항제

1953년에 시작해 지금은 전국 최고의 벚꽃 축제로 손꼽힌다. 이순신 장군의 후예인 해군 사관생도들이 충무공의 숭고한 업적을 기리는 행사로 시작했고, 그 시기가 벚꽃 개화와 맞물려 더욱 풍성해졌다. 매년 춘삼월이 되면 창원시 진해구 전체가 흐드러진 벚꽃과 상춘객이 어우러져 봄의 향연에 마음껏 취할 수 있다.
문의: 진해 군항제(055-225-2341)

그밖의 대표적인 벚꽃 여행지

제천 청풍호반길

4월이면 맑은 공기와 수려한 산세를 자랑하는 청풍호반길을 따라 화사한 벚꽃 띠가 이어진다. 호반을 따라 구불구불 달리는 벚꽃길은 전국에서 소문난 드라이브 코스다. 가로등 아래 화사하게 빛나는 벚꽃을 구경 나온 인파는 해가 진 후에도 끊이지 않는다.
문의: 제천관광정보센터(043-652-5681)

경주 보문호

천년고도 경주 도심 곳곳에서 꽃망울을 터트린 벚꽃이 장관을 이룬다. 그중에서도 으뜸은 보문호 주변이다. 50만 평의 호수 주위로 수양버들이 연한 새순을 돋우고, 수면 위로 불어오는 바람 따라 흩날리는 벚꽃향이 춘심을 자극한다. 자전거를 타고 꽃비 맞으며 보문호를 한 바퀴 돌아보면 이보다 더 상쾌할 수 없다. 호수 주변에 자전거 대여소가 많다.
문의: 보문호(054-740-7335)

봄이 오는 소리 들으러 남국으로 떠나요
거제 공곶이

산비탈 아래 수선화 천국 있었네!

강명식 할아버지 부부에게는 오직 '공곶이'뿐이다. 1969년부터 노부부는 황무지였던 일운면 와현리 예구마을 공곶이에 수선화를 포함한 다양한 식물을 심기 시작했다. 숲이 제법 나이가 든 2005년, 공곶이는 영화 〈종려나무숲〉의 촬영지로 등장했고, 그 후 수많은 여행자를 불러 모으고 있다. 지금은 거제 8경에 선정되어 여행자들 사이에서 '봄=거제=공곶이'라는 등식이 생기기까지 했다.

별을 닮은 샛노란 수선화

애달픈 한송이 동백꽃

공곶이는 거제도 동쪽 끝자락 산비탈 아래에 있다. 와현해변 너머 예구마을 포구 주차장에서 올라간다. 길이 가파른 탓에 몇 번을 가다 쉬다를 반복한다. 20여 분 동안 벅찬 숨을 토해내고서야 비로소 공곶이 언덕에 다다른다.

무성한 나뭇잎이 하늘을 가려 어둑어둑하다. 동백나무 터널이다. 수선화 천국으로 들어가는 관문인 셈인데, 나무들이 서로 먼저 하늘로 향할 욕심에 얽히고설켰다. 오르면서 힘들다고 투덜거렸던 가파른 비탈길이 노부부가 평생 호미와 삽, 곡괭이만으로 일궈낸 피땀의 결과라니 놀라지 않을 수 없다.

농원 규모는 14만 8761㎡(4만 5000평), 경작 면적은 3만 3058㎡(1만 평)이다. 이곳에서 자라고 있는 나무와 꽃만 50여 종 이상이고, 산 아래로는 계단식 밭이 이어진다. 밭에는 짙은 녹색의 동백나무와 노란 수선화, 이국적인 정취가 느껴지는 종려나무, 팔손이나무가 심어져 있다. 나무마다 꽃을 피워 봄 인사를 대신한다. 가장 먼저 동백꽃이 붉은 얼굴을 내밀면서 뜨겁게 맞이한다. 수선화는 별을 닮아 낭만적이다. 미소년의 뽀얀 얼굴을 떠오르게 하는 조팝나무꽃은 춤추듯 몸을 흔든다.

수선화는 방문객에게 화분당 2천 원에 분양한다. 화분을 산 사람은 봄을 하루라도 빨리 집에 들일 생각에 발걸음이 빨라진다. 오솔길을 벗어나면 몽돌해변과 남해 바다가 기다리고 있다. 공곶이를 돌고 나면 마음속 시름이 어느새 사라진다.

동백나무로 뒤덮인 아늑한 섬, 지심도

지심도는 동백나무와 해송, 후박나무 등이 포근한 이불처럼 덮여 있어 아늑하다. 이들 중 70%가량이 동백나무다. 괜히 동백섬, 지심도란 이름이 붙은 게 아니다.

지심도에는 조선 시대부터 사람이 살았는데, 일제가 군 주둔지로 만들면서 강제 이주

'그대 발길 돌리는 곳'으로 불리는 해안절벽전망대

시켰다. 해방 이후 다시 주민들이 들어와 지금에 이르렀다. 2009년 예능 프로그램 〈1박 2일〉이 방영된 후, 평소 낚시꾼들만 찾던 조용한 섬은 일약 유명 관광지가 되었다. 지금은 15가구 중 대부분이 관광객을 상대로 민박과 식당을 운영하고 있다.

지심도를 제대로 보려면 선착장에서 가파른 시멘트 길을 올라야 한다. 10여 분만 고생하면 바닥에 흩뿌려진 붉은 동백꽃을 만날 수 있다. 길바닥, 담벼락, 지붕에도 온통 붉은 꽃이 처연한 모습으로 드러누웠다. 미안하고 고마운 마음에 발걸음이 조심스럽다.

지심도는 길이 2km 안팎의 작은 섬이다. 천천히 걸어도 두세 시간이면 구석구석 돌아볼 수 있다. 예전에는 작고 예쁜 학교였지만 지금은 폐교된 지심분교, 섬 정상에 있는 해군시험통제소, 일본군이 사용하던 포진지, 벙커로 지은 탄약고가 있다. 일제가 군 기지로 사용했던 흔적들이 곳곳에 남아 있다.

바닷바람이 유난히 강한 해안절벽전망대는 이곳에서 되돌아 가야 한다고 하여 '그대 발길 돌리는 곳'이라 불린다. 차마 발길 돌리기 아쉬운 감성에 낭만이 더해진 멋진 전망대이다.

유채꽃 만발한 신선대

비탈진 척박한 땅에 자라난 수선화와 종려나무

거제 이곳저곳 누비기

'바람의 언덕'은 이름 그대로 바람이 주인공이다. TV 드라마 〈이브의 화원〉, 〈회전목마〉가 이곳에서 촬영된 뒤로 많은 사람이 찾고 있다. 시원한 바다와 풍차가 어우러진 풍경은 영화 속 한 장면을 보는 것 같다. 도장포 선착장에서 풍차를 지나 언덕 끝까지 길이 잘 닦

거제포로수용소의 디오라마관

여 있어 산책하기 좋다. 이국적인 풍경 덕분에 연인들이 앞다퉈 찾는 데이트 코스이다.

맞은편 신선대는 신선이 놀던 자리다. 신선의 놀이터답게 다도해와 기암괴석이 어우러진 풍경이 아름다워, 예로부터 거제 8경에 꼽혔다. 신선대 초입에는 3월 중순부터 샛노란 유채꽃이 흐드러지게 펴 상춘객의 마음을 뒤흔든다. 산책로를 따라 내려가면 몽돌이 주인공인 자그마한 함목해변이 있다. 파도와 환상적인 앙상블을 이룬 몽돌이 '자그락자그락' 바다 노래를 들려준다.

거제포로수용소는 한국 전쟁 때 생긴 포로를 수용하기 위해 설치된 곳이다. 인민군 15만, 중공군 2만 명 등 최대 17만3천 명의 포로를 수용했다. 1951년에는 포로들이 정치단체를 조직하면서 반공과 친공 진영 간의 극심한 대립이 문제가 되기도 했다. 휴전 이후 수용소는 폐쇄되었지만 1999년 거제포로수용소유적공원으로 개관하여 현재에 이르렀다. 디오라마관, 6·25 역사관, 포로폭동체험관, 야외막사 등 색다른 볼거리가 많다.

---

info.

대중교통   지심도 가는 배는 장승포여객터미널 옆 동백섬지심도터미널에서 평일 5회, 주말 9회 왕복 운행(15분 내외 소요), 왕복 운임은 어른 1만2천 원, 어린이 6천 원 / 문의: 지심도유람선(1688-3883)

내비게이션   공곶이(공곶이펜션: 경상남도 거제시 일운면 예구3길 1, 011-866-1397), 바람의 언덕(경상남도 거제시 남부면 갈곶리 산14-47, 055-639-3399), 신선대(경상남도 거제시 남부면 갈곶리, 055-639-3000), 거제포로수용소유적공원(경상남도 거제시 계룡로 61, 055-639-0625)

어디서 묵을까   고현동, 장승포항과 옥포항에 시설 좋은 모텔이 모여 있다. 일운면과 동부면이 있는 동남쪽 해변을 따라가면 고급스러운 펜션들이 많다. 상상속의집(055-682-5252)은 지심도와 대마도까지 조망할 수 있는 천혜의 전망을 자랑한다. 거제 명물인 지름 23cm 수제 햄버거가 유명하다. 낚시 체험도 할 수 있다.

무엇을 먹을까   거제에 봄이 찾아오면 도다리 육질이 단단해진다. 여기에 쑥과 된장을 넣어 끓인 도다리쑥국은 향긋한 봄향으로 미각을 돋운다. 뜨끈한 밥에 알싸한 숙성 멍게를 넣고 비벼 먹는 멍게비빔밥은 거제도에서 꼭 맛봐야 할 음식이다. 백만석식당(055-638-3300)이 유명하다.

멍게비빔밥

문의: 거제시청 문화관광과(055-639-4172), 거제관광안내소(055-639-4178)

부천 원미산진달래동산

매년 4월, 부천 원미동은
진달래동산으로 변한다.
167m의 야트막한 동산에
파스텔톤의 진달래꽃 3만 그루
이상이 흐드러지게 펴 장관을
이룬다. 산책 계단 주변에 핀
노란 개나리까지 어우러져 색의
향연을 제대로 만끽할 수 있다.
주전부리를 파는 노점상이
많으니 돗자리 정도만 챙겨
가면 된다.

문의: 원미산진달래축제
(032-625-5762)

그밖의 대표적인
봄꽃 여행지

구리 한강시민공원

40만㎡의 부지에 유채꽃이 가득 피면 노란 물감을 부어 놓은 것
같다. 주말은 물론 주중에도 꽃구경을 나오는 시민들이 많다.
4~5월 중 구리한강유채꽃축제가 열리면 다채로운 행사가 함께
벌어진다. 인기 가수들의 공연, 세계민속공연, 불꽃놀이 등 볼거리가
풍성하다. 꽃단지 주변에서는 노래자랑대회, 그림그리기대회,
디카공모전 등 시민 참여 행사가 많이 열린다.

문의: 구리 한강시민공원(031-550-2107)

구례 산수유마을

섬진강과 지리산 사이에
둥지를 튼 마을로 전국
산수유 생산량의 70% 이상을
차지한다. 3월 말부터 4월
중순까지 노란 산수유꽃이
돌담과 처마 아래 피어 마을을
노랗게 물들인다. 마을을
한눈에 볼 수 있는 전망대와
계곡을 따라 걷는 나무 데크
산책 코스가 좋다.

문의: 구례 산수유마을
(061-783-1039)

정읍 구절초공원
VS
고창 학원농장

우리 땅에서 함께 사는 꽃들은 수수하다. 고혹적인 색을 뽐내는 꽃들도
있지만 대부분은 화려함보다 수수함에 더 가깝다. 가을이 왔음을
알리는 구절초꽃이 그렇고, 쌀 한 톨만 한 메밀꽃이 그렇다. 특히
쓰임새가 많은 메밀은 식탁에 올라 건강까지 챙겨준다.
우리나라의 가을에는 수수한 꽃이 지천으로 가득하다.

구절초↑

메밀꽃↓

구절초 향기 맡으며
느릿느릿 가을 속으로
정읍 구절초공원

은은한 색과 향의 매력, 구절초

이름도 은은한 들국화가 좋다. 가을이 왔음을 실감하게 하는 존재인데다 도시 후미진 흙무더기에서도 청아한 꽃을 피우기 때문이다. 언제나 가을은 들국화와 함께 시작한다. 그런데 들국화는 특정한 꽃을 지칭하는 말이 아니다. 구절초, 산국, 쑥부쟁이 등 비슷비슷하게 생긴 식물들을 통칭한다. 들국화의 대명사는 구절초다. 음력 9월 9일이 되면 아홉 마디가 된다 하여 구절초라 부른다. 우리나라 여러 곳에서 가장 쉽게 볼 수 있는 흔한 꽃이다. 긴 줄기 끝에 달린 하얀색 꽃잎이 활짝 벌어지면 노란 수술에서 향기를 발산한다. 향기는 꽃을 닮아 은은하다. 마음 깊은 곳을 울리는 여운을 담은 향기다.

정읍은 사진작가들이 선정한 대한민국 최고의 구절초 명소다. 일교차가 큰 가을, 섬진강 상류에 자리한 옥정호 구절초테마공원이 안개에 휩싸이면 사진가들은 흥분한다. 불규칙하게 자란 소나무 사이로 안개를 뚫고 한 줄기 빛이 떨어지는 순간, 여린 꽃잎 위에 잠들어 있던 이슬이 기다렸다는 듯 기지개를 켜고, 세상을 향해 날아오른다. 찰나의 순간을 사진에 담기 위해 이른 아침부터 사진가들이 공원으로 몰려든다. 2005년부터 매년 10월 초에 정읍 구절초축제가 열린다. 문화체육관광부가 지정한 '전국 가볼 만한 축제 20선', 한국관광공사가 추천한 '2014년 네티즌이 선정한 대한민국 베스트 그곳'에 선정되면서 가을꽃 축제를 대표하게 되었다. 입장료는 어른 3천 원으로 청소년 2천 원. 입장권은 농·특산물 및 각종 먹거리 교환권으로 사용할 수 있다.

구절초와 함께하는 가을 여행의 서정

정읍 구절초축제가 10회째를 맞으면서 외형은 물론 내실 또한 알차졌다. 승용차와 대형버스 주차장을 별도로 운영해 드나들기 편리하다. 매표소를 지나면 번잡스러운 난전 대신 농·특산물판매장이 질서정연하게 줄지어 서 있다. 축제장의 분위기가 오색찬란한 단풍처럼 요란하지 않다. 대신 은은한 구절초를 닮아 가을 정취가 느껴진다. 지역 축제 현장에서 어김없이 들리는 시끄러운 음악 소리도 추심(秋心)을 자극하는 잔잔한 7080 음악으로 바뀌었다. 주 무대가 있는 만남의 광장에서는 오후 두 차례 음악 공연이 열린다. 흥을 돋우는 요란한 공연이 아니다. 익어가는 가을의 낭만을 공유하는 감성 가득한 공연이다.
구절초전망대로 가는 길은 여러 갈래다. 길목마다 소나무와 구절초로 뒤덮여 있다. 이정표 없이 발길 닿는 대로 걸어가면 그만이다. 향해 걷다가 떠오르는 노래가 있다면 '구절초 사랑의 방송국' 박스에 사연과 신청곡을 띄워보자. 전문 DJ의 맛깔스러운 멘트와 신청곡이 구절초 향기와 함께 온몸을 은은하게 감싸 안는다.
동산 가장 높은 곳, 전망대에 이르면 황금 들녘에 유색벼를 이용해 그려 놓은 놀라운 크기의 글씨와 그림이 보인다. 아래로 내려가면 코스모스와 해바라기가 순백의 구절초꽃에 색을 더한다. 끝을 가늠할 수 없는 넓은 부지에 코스모스와 메밀꽃이 어울려 피어 있다. 야간에는 조명과 어우러진 색다른 구절초를 만날 수 있다. 끝으로 구절초를 달인 따뜻한 물에 발을 담그는 족욕 체험을 즐기며 가을로 가는 여행을 마무리하면 어떨까.

정읍 이곳저곳 누비기

내장산은 8번째로 국립공원에 이름을 올린 후, 지리산, 무등산, 월출산과 함께 호남 지역의 하늘정원으로 자리매김하고 있다. 탐방은 여건에 따라 코스를 선택할 수 있는데, 단풍철에 가장 인기 있는 구간은 전망대 코스다. 내장산 탐방안내소에서 케이블카를 타고 5분 정도 오르면 전망대에 다다른다. 지표면에서 보는 것과는 또 다른 풍경이 펼쳐지기 때문에 탄성이 절로 터지는 구간이다. 본격적인 등산과 함께 내장산의 은밀한 속살을 보고 싶다면 내장산 최고봉인 신선봉(763m)을 발아래 둘 수 있는 신선봉 코스가 좋다. 8km 남짓 거리에 5시간 정도 산행을 해야 하는 구간으로, 내장산의 아홉 봉오리

사진가들을 매료시키는 정읍 구절초공원

'구절초 사랑의 방송국'의 신청곡 박스

구절초전망대에서 바라본 들녁

를 조망함으로써 등산이 주는 즐거움을 톡톡히 누릴 수 있다. 내장탐방지원센터에서
17km 정도 달리면 내장산이 품은 또 다른 단풍 명소 백암산이 기다린다. 가을이면 백암
산의 화려한 단풍과 단아한 쌍계루의 모습을 사진에 담기 위해 전국에서 수많은 사진
가들이 몰려든다. 연못에 투영된 쌍계루와 단풍잎의 모습은 달력에나 나올 법하다.
정읍시, 임실군과 면해 있는 옥정호는 드라이브 코스로도 유명하다. 구불구불한 도로
가 끊어질 듯 이어져 운전하는 맛이 있다. '아름다운 한국의 길 100선'에도 선정되었다.
자그마한 주차 공간이 있는 국사봉전망대는 꼭 올라가야 할 곳이다. 이곳에서 내려다
보는 붕어섬의 모습은 잊지 못할 절경이다.

info.

대중교통 센트럴시티터미널-정읍시외버스공용터미널(2시간 55분 소요), 정읍터미널 정류장에서 151-2번 버스 승차 후 능교
정류장 하차(1시간 40분 소요) / 문의: 센트럴시티터미널(02-6282-0114), 정읍시외버스공용터미널(1688-6676)

내비게이션 옥정호 구절초테마공원(전라북도 정읍시 산내면 매죽리, 063-539-6170), 내장산국립공원(전라북도 정읍시
내장산로 936 내장산사무소, 063-538-7875), 백양사(전라남도 장성군 북하면 백양로 1239, 061-392-
7502), 옥정호(전라북도 임실군 운암면 입석리 458, 063-640-2345)

어디서 경치 좋은 옥정호 인근에 펜션이 모여 있다. 옥정호 호숫가펜션(063-538-7116)은 창문 너머로 옥정호가
묵을까 바로 보일 만큼 위치가 좋다. 펜션 앞마당에는 작지만, 야외 수영장이 있으며 텃밭에서 상추가 자란다.
내장산국립공원의 내장야영장(063-538-7875~6)은 최대 50동가량의 텐트를 설치할 수 있다.
차량 진입이 되지 않기 때문에 백팩킹을 즐기는 캠퍼에게 적합하다.

무엇을 산외한우마을은 저렴한 한우 덕에 유명해졌다. 하나둘씩 고깃집이 생기더니
먹을까 지금은 40여 개가 넘는 정육점과 30개 남짓의 한우식당이 성업 중이다.
정육점에서 질 좋은 한우를 사서 식당에서 차림비를 내고 먹는다.
내장산 상가 밀집 지역에서 살 수 있는 모시떡도 주전부리로 좋다. 모시잎을
삶아 멥쌀과 섞어 가루를 만든 후, 바로 쪄낸다. 짙은 녹색과 쫄깃한 식감이
일품이다. 솔티애떡(063-532-7722)이 유명하다.

숯불갈비

문의: 정읍시관광안내소(063-537-1330), 내장산탐방안내소(063-538-7874)

곡성 섬진강기차마을

섬진강을 따라 달리던 전라선 폐철로를 활용해서 관광용
증기기관차를 운행하고 있다. 초여름이면 기차마을 4만㎡ 면적의
장미공원에서 세계 각국의 장미가 진한 향기를 흩뿌리며 피어난다.
무려 1,004종의 장미를 감상할 수 있는 전국 제일의 장미공원이다.
다양하고 고운 색과 짙은 장미향으로 향수밭에 온 듯 황홀하다.
문의: 곡성관광안내소(061-360-8379)

그밖의 대표적인 가을꽃 여행지

파주 율곡습지공원

100만 송이 이상의 코스모스가 가을 낭만을 부른다. 개화 시기에
발맞춰 파주 파평면 주민자치위원회에서 걷기축제를 개최한다.
율곡수목원 둘레길 5km 구간은 임진강을 볼 수 있는 전망대,
참나무 군락이 우거진 도토리길, 소나무 군락지 등 걷기 좋은 길로
이어진다.
문의: 파주시청 문화관광과(031-940-4364)

평강식물원

한방 식물과 세계 최대
고산식물공원으로 유명하다.
매년 가을 구절초 향기로
그윽함을 더한다. 포천에서만
자라는 자생 구절초와
한라산에서만 볼 수 있는
한라구절초가 암석원과 습지원
곳곳에 터를 잡았다. 소박하고
은은한 향의 구절초꽃이
식물원을 가득 메울 즈음이면
방문객들의 발걸음이 유독
잦아진다.
문의: 평강식물원(031-531-7751)

소금을 흩뿌린 듯 곱디고운 메밀밭
고창 학원농장

새하얀 메밀꽃, 가을의 신부가 되다

1960년대 초, 미개발 야산 10여만 평에서 개척의 역사가 시작되었다. 1990년 이후, 학원농장은 설립자의 장남 진영호 씨가 귀농하면서 농촌 경관 농장으로 거듭났다. 그 결과 가을만 되면 초원처럼 넓은 들판이 한바탕 축제의 장으로 변한다. 축제의 주인공은 순백의 메밀꽃이다. 메밀꽃은 가을의 신부처럼 수줍게 자리를 지키고 있다. 작고 탐스러운 꽃송이가 빛을 받으면 소금 결정체처럼 몽환적으로 아름답게 빛난다. 그 풍광을 지켜보고 있노라면 두근거리는 가슴을 억누른 채 신부를 맞이하는 새신랑의 마음을 십분 이해하게 될 것이다.

메밀은 씨를 뿌린 후 3일이면 싹을 틔우고, 한 달가량이 지나면 꽃을 피운다. 이처럼 일생이 짧아서 꽃을 감상할 수 있는 기간도 불과 열흘 정도에 지나지 않는다. 그러다 보니 어렵게 시간 내어 왔다가 꽃을 못 보고 돌아가는 여행자들이 적지 않다.

고창 학원농장의 목가적 풍경을 자아내는 원두막 ↑

사진에 담고 싶은 메밀꽃밭의 풍경 ↓

메밀꽃의 매력에 빠진 나비

학원농장의 주인장은 이 부분을 고민했고, 그 결과 두세 차례 나눠서 씨를 뿌리기로 했다. 덕분에 한 달 이상 메밀꽃의 넘실거리는 춤판을 구경할 수 있게 되었다. 최근 몇 년은 연간 100만 명 정도가 이곳을 찾았다고 하니 놀라지 않을 수 없다.

메밀밭에 발을 들이면 끝을 알 수 없는 평원을 마주하게 된다. 우리나라에 이런 평원 지대가 있었나 하는 의문이 들 정도다. 황토 오솔길을 따라 걷다 보면 목가적인 원두막이 그림처럼 서 있다. 저마다 추억의 순간을 담기에 정신이 없다. 전망대에 서면 메밀밭이 한눈에 들어온다. 가슴이 탁 트이고 눈이 맑아진다. 바람이 불어오면 메밀꽃 향기가 코끝으로 전해진다. 이윽고 알 수 없는 몽롱한 기분에 빠져든다. 풋풋한 풀 내음과 짙은 황토 냄새가 뒤섞이면서 몽롱은 몽환으로 바뀐다.

시인의 감성이 황금 들녘에 머물다

가을의 고창은 황금의 땅 엘도라도처럼 금빛으로 뒤덮인다. 들녘에 펼쳐진 금빛 물결은 겸손함보다 감사함을 떠오르게 한다. 농부의 수고스러운 손길에 감사하고, 때맞춰 내려주는 비에 감사하고, 따사로운 햇볕에 감사하다. 그 감사함을 고스란히 품은 곳이

미당시문학관 내부 미당 서정주 시인이 사용하던 타자기

돋음볕마을이다. 파란 하늘 아래 다소곳이 터를 잡은 마을의 모습이 알을 품고 있는 어미 닭을 닮았다. 마을 벽화는 송주철공공디자인연구소가 미당 서정주의 시 〈국화 옆에서〉를 모티브로 그렸다. 외지인들의 발길이 뜸하다 보니 마을 할아버지, 할머니들이 손주를 맞듯 환한 얼굴로 여행자를 반긴다.

마을에서 500m 정도 떨어진 곳에 미당시문학관이 있다. 미당 서정주 시인의 친필 원고와 손때 묻은 타자기, 책상, 의자 등 유품들이 시인의 일생을 대신 전한다. 문학관 전망대에 올라가면 이제껏 보지 못했던 새로운 풍경이 기다린다. 황금보다 더 황금 같은 들녘이 그것이다. 눈이 제대로 호사를 누린다. 학교 운동장만 한 구름이 두둥실 떠 있고, 그 사이로 S라인 도로가 이어진다. 도로변에 곧추선 전봇대마저도 가을 신부를 맞이하는 들러리처럼 낭만적이다.

고창 이곳저곳 누비기

2000년 12월에 유네스코 세계문화유산으로 지정된 고창 고인돌공원에는 우리나라 전역에 있는 3만여 기의 고인돌 중에서 약 2천여 기가 모여 있다. 세계적으로 가장 밀집도가 높은 곳이다. 고인돌군은 크게 6개 코스로 나뉜다. 워낙 넓기 때문에 탐방 열차를 이용하는 게 좋다. 입구에 있는 고인돌박물관에는 고인돌 제작 모습, 청동기 시대의 유물과 생활상을 실감 나게 재현해 놓았다. 3층 체험 공간에서 불 피우기, 암각화 그리기, 고인돌 만들기 등을 직접 해볼 수 있어 아이를 동반한 가족이라면 들러볼 만하다.

고창읍성은 조선 단종 때 전라도민들이 왜구를 막기 위해 쌓은 성이다. 현재는 역사적 유물로만 남아 있는 것이 아니라 마을 주민들의 산책길로 사랑받고 있다. 현존하는 읍

황금 들녘이 인상적인 돔음별마을의 가을 풍경 ↑

세계문화유산으로 등재된 고인돌공원 ↓

붉은 철쭉이 화려함을 더하는 고창읍성　　　　　　　　　아담한 담을 둘러가는 무장읍성

성 가운데 보존 상태가 좋기로 유명하며, 철쭉이 피는 봄에 방문하면 더욱 좋다. 붉은 양탄자를 깔아놓은 듯 피어 있는 철쭉이 고창읍성에 화려함을 더한다. 성문 앞에 자리한 판소리박물관도 함께 둘러보면 좋다.

무장읍성은 잘 알려지지 않은 곳이지만 학원농장 가는 길에 잠시 들르면 좋다. 조선 태종 때 지어진 곳으로 둘레는 1,400m 정도인데, 현재 복원 사업이 진행 중이다. 읍성 안으로 들어가면 객사가 있는데, 무장현에 내려온 관리들에게 숙식을 제공하던 곳으로 지금으로 치면 공무원 전용 호텔 정도다. 동헌 터만 남은 넓은 마당이 황량하지만 고즈넉한 분위기를 자아내 마음을 평온하게 한다.

info.

대중교통　센트럴시티터미널-고창공용버스터미널(3시간 10분 소요), 고창공용버스터미널에서 농어촌버스 승차 후 선산 정류장 하차(1시간 15분 소요) / 문의: 센트럴시티터미널(02-6282-0114), 고창공용버스터미널(063-563-3388)

내비게이션　보리나라학원농장(전라북도 고창군 공음면 학원농장길 158-6, 063-564-9897), 고창국화마을(전라북도 고창군 부안면 안현길 18-9 농촌체험관, 010-3734-3414), 고창고인돌박물관(전라북도 고창군 고창읍 고인돌공원길 74, 063-560-8666), 고창읍성(전라북도 고창군 고창읍 읍내리 126, 063-560-2710), 무장읍성(전라북도 고창군 무장면 성내리 149-1, 063-560-2714)

어디서 묵을까　선운산도립공원과 구시포해수욕장 근처에 숙소가 많다. 선운산관광호텔(063-561-3377)은 해수사우나가 가능한 1성급 호텔이다. 호텔 내 식당에서 복분자와 풍천장어를 맛볼 수 있다. 숙소 바로 앞에서 서해 일몰을 조우할 수 있는 메르팡펜션(010-9109-4550)이 인기다. 무료로 즐기는 무한 조개 체험은 덤이다.

무엇을 먹을까　고창은 민물과 바닷물이 교차하는 지점에서 잡히는 뱀장어의 일종인 풍천장어가 유명하다. 현지 주민들이 많이 찾는 청보리수산(063-561-5525)은 저렴하게 풍천장어를 맛볼 수 있는 곳이다. 고창공용버스터미널 인근에 있다.

풍천장어

문의: 고창군청 문화관광과(063-560-2457~8)

하동 북천역

하동군 북천역 일대 6만 평에 코스모스 군락이 조성되었다. 고즈넉한 시골 역 철길 양옆으로 흐드러지게 핀 코스모스 산책로가 3km 정도 이어진다. 코스모스길만 있는 게 아니라 산책길 끝에 새하얀 메밀꽃밭이 기다린다. 시골 간이역과 코스모스, 메밀꽃이 어우러져 가을 정취가 가득하다.

문의: 북천역(1544-7788)

평창 이효석문화마을

소설가 이효석이 쓴 《메밀꽃 필 무렵》의 배경지인 봉평은 메밀꽃과 떼려야 뗄 수 없는 곳이다. 소설의 표현처럼 소금을 흩뿌린 듯 메밀꽃이 지천으로 널려 있다. 야간 조명을 설치해 놓아 해가 져도 메밀꽃밭을 거닐 수 있다. 이효석 선생의 생가와 문학관이 있어 문학 여행을 떠나기에도 그만이다.

문의: 이효석문화마을
(033-335-9669)

그밖의 대표적인 가을꽃 여행지

고창 선운산도립공원

가을이면 공원 초입부터 붉은 색채의 마술에 빠진다. 꽃무릇이 고혹적인 아름다움으로 시선을 사로잡기 때문이다. 꽃무릇은 상사화가 질 무렵인 9~10월경에 꽃이 피는데, 상사화보다 꽃술이 훨씬 길고 색깔 또한 붉다. 꽃잎과 수술이 서로 만나지 못한다는 점에서는 상사화와 비슷하다. 꽃말도 '이루어질 수 없는 사랑'이다.

문의: 선운산도립공원(063-563-3450)

강릉 경포해변
VS
동해 무릉계곡

여름 피서지 하면 먼저 떠오르는 곳이 바다와 계곡이다.
바다의 매력은 뭐니 뭐니 해도 해수욕이다. 파도와 하나 되어
즐기다 보면 더위와 스트레스가 물거품처럼 사라진다.
바다에서만 즐길 수 있는 다양한 액티비티 또한 바다를
선택하는 이유다. 바다에 비해 계곡은 아늑하고 은밀하다.
짙은 숲이 만든 그늘 아래 앉아 삼림욕을 하거나 차디찬
계곡물에 발을 담그면 더위가 저만치 달아난다.

경포해변↑

무릉계곡↓

동해안에서 가장 핫한 곳
강릉 경포해변

젊다면 경포해변으로

경포해변은 부산 해운대해변, 보령 대천해변과 더불어 우리나라 3대 해변에 꼽힌다. 눈이 시리도록 푸른 바다와 1.8km의 긴 백사장뿐만 아니라 짙은 녹음을 자랑하는 솔숲까지 있다. 솔숲 덕분에 '솔향 강릉'이라는 별명도 있다. 솔숲 사이로 난 산책로는 걷지 않고서는 병이 날 것처럼 마음을 요동치게 한다.

경포해변을 찾는 여행자는 20대가 주류다. 어린아이보다 젊은이들의 웃음소리가 가득하다. 구릿빛 미끈한 몸매를 뽐내는 젊은 오빠, 언니도 심심찮게 찾아볼 수 있다. 여름 성수기에는 밤낮이 따로 없이 엄청난 인파로 붐빈다. 그런데도 경포해변으로 발길이 향하는 이유는 젊음과 열정이 있기 때문이다.

바다 역시 역동적이다. 튜브를 끌어안고 파도에 몸을 맡기면 거센 물결이 오히려 고맙게 느껴진다. 바나나보트, 번지점프 등 해변에서 할 수 있는 레포츠가 총집결했다. 해가 뉘엿뉘엿 저물기 시작하면 '여름해변축제'가 열린다. 유명 가수와 일반인들이 펼치는 다채로운 행사가 흥을 더한다. 편안하게 공연을 즐기려면 돗자리, 간단한 외투, 스프레이식 모기 퇴치제는 필수다.

바다를 향해 몸을 던지고, 파도에 몸을 맡기고,
바다를 감상하며 하늘을 나는 등 짜릿한 액티비티를 즐길 수 있다.
바다에서는 두려울 것이 없다.

경포호의 소소한 재미는 덤

경포호는 여유롭다. 특히 콩나물시루 같은 경포해변에서 빠져나온 후라면 더욱 그렇게 느껴진다. 야간에 내려다보는 호수는 한결 더 한가롭다. 잔잔한 수면 위에 떠 있는 새들도 여유롭기는 매한가지. 봄에는 일대가 벚꽃으로 장관을 이룬다.

경포호는 '수면이 거울처럼 맑은 호수'라는 뜻이다. 호수의 둘레가 옛날에는 12km나 됐다고 하는데, 지금은 4km 정도이다. 호숫가를 따라 홍길동 이야기 조각상과 감성을 자극하는 시비석이 설치되어 있다. 호수 가운데 있는 바위도 인상적이다. 이 바위에는 '딸의 목숨을 구하기 위해 호수로 헤엄쳐 들어간 어머니가 몸이 굳어 바위가 되었다'는 전설이 전해진다. 자식을 향한 어머니의 사랑이 담긴 것이다.

주변 상가에서 자전거를 빌려 홀로 호수를 한 바퀴 돌아봐도 좋고, 5인승 자전거로 온 가족이 함께 라이딩의 묘미에 빠져도 좋다. 둘만의 데이트를 원한다면 2인용 자전거를 타자. 단, 자전거를 탈 때는 체력 안배가 중요하다. 자녀에게 추억을 만들어주고 싶다면 조랑말이 끄는 꽃마차에 몸을 실어보자. 경포호를 출발해서 해안 상가와 중앙 통로를 거쳐 돌아오는 코스다. 요금은 1인당 어른 7천 원, 어린이 5천 원이다.

강릉 이곳저곳 누비기

"에디슨의 발명품을 만나고 싶다면 미국이 아닌 강릉의 참소리박물관으로 와야 한다."

에디슨과학박물관의 참소리축음기

참소리축음기 에디슨과학박물관(이하 참소리박물관) 손성목 관장의 말이다. 여섯 살 때, 선친으로부터 콜롬비아 축음기 G241호를 선물 받은 후, 그는 축음기에서 흘러나오는 소리에 매료되어 수집의 길을 걷게 되었다. 외길을 걷는 장인의 심정으로 오로지 축음기와 에디슨의 과학발명품만을 수집한 그는 전 세계의 축음기 및 에디슨 발명품의 1/3을 소장하게 되었다. 1800년대 후반에 제작된 스위스산 음악의자, 바퀴와 손잡이

경포해변 모래사장

경포해변 솔숲

고요한 경포호

를 달아 이동이 쉽도록 만든 오르간, 스페인 왕실에서 사용했던 나팔축음기, 에디슨과 헨리 포드가 휴양소에서 타고 다녔다는 세상에 단 두 대뿐인 자동차, 1913년에 에디슨이 개발한 전기자동차를 볼 수 있다. 수천 가지의 수집품보다 더욱 놀라운 것은 이 모든 것을 개인이 수집했다는 점이다.

신사임당과 율곡 이이가 살았던 오죽헌

한 나라의 지폐 모델로 모자(母子)가 기용된 일이 있을까? 우리나라 5만 원권에는 어머니 신사임당이, 5천 원권에는 아들 율곡 이이의 초상이 그려져 있으니, 가문의 영광이라 할 수 있다. 오죽헌은 영광의 주인공 율곡 이이 선생이 태어난 곳이다. 이런 역사적 의미 외에도 조선 시대 상류 주택의 별당과 사랑채가 잘 보존되어 있다는 점에서 건축학적 의의도 크다. 율곡 선생이 태어난 몽룡실은 꼭 챙겨 봐야 한다. 오죽헌을 나와서 오른편 골목길을 따라 들어가면 한·중·일 전통 자수를 감상하고 체험할 수 있는 동양자수박물관이 있다. 자녀들과 함께 세상에 하나뿐인 나만의 손가방을 만들 수도 있다. 체험 시간은 1시간 30분 안팎이며, 체험비는 작품당 1만5천 원이다.

info.

대중교통 서울고속버스터미널-강릉고속버스터미널(2시간 40분 소요), 고속·시외버스터미널 정류장에서 202번 버스 승차 후 경포해수욕장 정류장 하차(30분 소요) / 문의: 서울고속버스터미널(1688-4700), 강릉고속버스터미널(033-641-3184)

내비게이션 경포해변(강원도 강릉시 안현동 산1, 033-640-5129), 경포호(강원도 강릉시 저동, 033-644-2800), 참소리박물관(강원도 강릉시 경포로 393, 033-655-1130), 오죽헌(강원도 강릉시 율곡로3139번길 24, 033-660-3301), 동양자수박물관(강원도 강릉시 죽헌길 140-2, 033-644-0600)

어디서 묵을까 하슬라아트월드(033-644-9411)에서 하룻밤 머문다면 정말 특별한 밤이 될 것이다. 예술 작품으로 승화된 객실은 남다른 분위기를 연출한다. 특히 모성을 상징하는 침대와 독특한 세면기, 욕조 등은 다른 곳에서 절대 볼 수 없는 독창적인 것이다.

무엇을 먹을까 참소리박물관을 돌아보고 오죽헌 가는 길에 초당순두부마을이 있다. 400년집초당순두부(033-644-3516)에서는 400년이 넘은 고택의 주인, 심상진의 후손들이 초당순두부의 손맛을 전하고 있다.

문의: 강릉시종합관광안내소(033-640-4414, 4531)

초당두부

보령 대천해수욕장

1988년 시작해 매년 수백만 명의 관광객이 찾는 '보령머드축제'는
대천해수욕장의 가장 유명한 볼거리. 외국인들에게도 입소문이 많이
나서 국내 거주 외국인들이 가장 가고 싶어 하는 해수욕장이 되었다.
축제 기간에는 해변 가장자리에 대형 튜브 및 각종 놀이 시설이
들어선다. 세계 각국의 젊은이들이 모두 뛰어들어 진흙 옷을 입고
유년 시절로 돌아가 즐겁게 논다.

문의: 대천관광협회(041-933-7051)

그밖의 대표적인
바다 여행지

제주도 협재해변

짙푸른 하늘과 에메랄드빛 바다, 새하얀 백사장이 어우러진,
제주도를 대표하는 협재해변은 영락없는 남국 해변의 모습이다.
눈앞에 보이는 비양도를 향해 아무리 걸어가도 수심이 무릎을 넘지
않는다. 협재해변은 일몰이 아름답기로도 유명하며, 야간에도 조명을
밝혀 여름 밤바다의 낭만을 마음껏 즐길 수 있다.

문의: 제주시청 관광진흥과(064-728-2751)

부산 해운대해수욕장

매년 여름이면 1천만 명이
넘는 피서객들이 몰려들어
기네스북에 오른 해운대는
대한민국 대표 해수욕장이다.
길이 1.5km, 폭 30~50m의
광활한 백사장을 가진데다가
도심에서 가까워 사계절
관광객이 넘친다. 하와이의
와이키키해변을 방불케
하는 마천루 숲과 누리마루
APEC하우스, 유람선 선착장
등 볼거리가 무궁무진하다.
해수욕 시즌이 되면 매일 밤
다채로운 행사가 펼쳐진다.

문의: 해운대종합관광안내소
(051-749-5700)

무릉도원은 계곡 물소리부터 다르다
동해 무릉계곡

물과 돌이 부둥켜서 잉태한 오묘한 계곡

어부가 도착한 곳에는 복숭아꽃이 만발했다. 경쟁이라도 하듯 자란 뽕나무와 대나무도 가득했다. 황톳빛 너른 땅은 비옥했다. 이 세상 어느 곳에서도 볼 수 없는 아름다운 풍경이었다. 어부가 본 곳을 후세 사람들은 '무릉도원'이라 일컬었다. 그곳은 인간이 찾아갈 수 없는 천국이다. 현실에서 무릉동원가 비견할 만한 곳을 꼽으라면 동해 두타산과 청옥산이 만나는 계곡이 첫손에 들 것이다. 그래서 무릉계곡이라 불린다.

우리나라 국민 관광지 제1호에 선정된 동해시 무릉계곡은 계곡 트레킹 명소로도 잘 알려져 있다. 매표소를 거쳐 숲속에 들어서면 여름이 먼발치로 도망간다. 아스팔트에서 올라오는 지열 따위는 발붙일 곳이 없다.

위 험
[DANGER]

계곡은 울창한 숲속에 있기 때문에 매력적이다.

시원한 물소리가 더위를 쫓아 버린다.

숲길 초입까지 길이 평탄해서 유모차를 끌고 오는 가족 나들이객도 있다. 산 좋고 물 좋은 곳에는 정자가 있기 마련. 금란정이 탁 트인 계곡을 바라보며 쉬어가기 좋은 곳에 자리했다.

정자에서 계곡을 바라보고 있자면 시원한 물소리가 귓전에 울린다. 정자 앞에는 천여 명이 앉아서 놀아도 좋을 만큼 거대한 암반이 자리하는데, 석장 또는 석장암이라 불리는 무릉반석이다. 반석으로 흘러내리는 계곡물이 한 폭의 산수화를 그려 놓은 것 같다. 김시습을 비롯한 수많은 명필가, 시인묵객들이 다녀간 흔적을 남겨 놓았다. 백미는 조선의 4대 명필로 꼽히는 양사언의 글씨다. '무릉선원 중대천석 두타동천(武陵仙源 中臺泉石 頭陀洞天)'이라 쓴 초서체다. 현실과 이상을 오가는 선비의 멋이 느껴진다. 무릉반석 주위에는 소나무들이 울창해서 휴식하기에 적합하다.

가슴을 뻥 뚫어줄 만큼 시원한 쌍폭과 용추폭포

무릉반석을 지나면 높은 절벽에서 떨어지는 한 줄기 폭포를 감상할 수 있는 학소대를 만난다. 장쾌함보다는 아기자기한 모습이 매력이다. 숲속에 들어선 지 30여 분. 우렁찬 물소리가 귓가를 쉴 없이 때린다. 무릉계곡의 명물 '쌍폭'이다. 폭포 두 개가 나란히 자리하고 있다 해서 붙여진 이름이다. 왼쪽 것은 계단을 타고, 오른쪽 것은 수직으로 물줄기가 떨어진다. 시원하게 물줄기를 내리꽂는 만큼 더위도 뚝뚝 떨어진다.

쌍폭만 보고 가면 서운해할 용추폭포가 5분 거리에 있다. 용추폭포는 쌍폭에 비해 화려

◦애교만점 용추폭포 다람쥐

한 맛은 덜하다. 하지만 푸르다 못해 검은빛을 토하는 넓은 소(沼)에 수직으로 떨어지는 물줄기가 압권이다. 소의 둘레는 30m가 넘는다고 한다. 폭포 오른쪽에는 정조 21년에 유한준이 쓴 '용추(龍湫)'라는 글자가 새겨져 있다.

계곡에서 내려오는 사람들은 "역시 최고!"라며 감탄을 이어간다. 약 4km에 이르는 길지 않은 코스지만 우리나라를 대표할 만한 계곡임이 분명하다. 도시의 소음과 각박한 시간을 흘러가는 물에 둥둥 띄워 보내고, 가벼운 몸과 마음으로 여유를 만끽해보자.

동해 이곳저곳 누비기

토끼 굴처럼 작은 터널을 지나면 아담한 어촌마을 끄트머리에 추암해변이 있다. 백사장은 불과 150m 남짓. 그런데도 많은 사람이 찾는다. 바로 추암해변의 멋진 풍광 덕분이다. 밤 12시에 TV공중파 정규 프로그램이 끝나던 시절, 애국가를 배경음악 삼아 태양이 뾰족한 바위 끝에 걸리던 장면을 기억할 것이다. 그때 보았던 바위가 바로 추암해변에 있는 촛대바위다. 전망대에는 짙푸른 바다와 하얀 물거품, 촛대바위의 앙상블을 감상하기 위해 모여든 사람들로 가득하다. 추암해변에서 촛대바위를 지나 북평 해암정까지 산책로가 조성되어 있어 천천히 걷기에 좋다. 추암조각공원으로 내려오면 추암마을과 해수욕장이 보이고 피크닉 테이블도 있어 잠시 쉬어갈 수 있다.

묵호동 벽화마을은 묵호항이 한눈에 내려다보이는 언덕에 있다. 오징어잡이가 한창일 때, 이곳은 사람들로 넘쳐났다. 이후 시멘트와 무연탄 공장이 들어서면서 공장 노동자

마을 주민들의 애환을 그린 묵호동 벽화마을

들이 마을의 빈방을 차지했다. 달도 차면 기우는 법. 한동안은 골목마다 집집이 연세 지긋한 어른들뿐이라 어린아이의 웃음소리를 들을 수 없었다. 이런 마을에 벽화가 그려지면서 다시 사람들이 찾기 시작했다. 등대오름길, 논골1길, 논골2길, 논골3길···. 벽화에는 마을의 숨은 이야기들이 가득하다. 골목마다 넘쳐나는 이야기를 들으며 이곳저곳을 누비는 사이 묵호등대에 도착한다. 묵호등대는 1968년 영화 〈미워도 다시 한 번〉의 촬영지로도 유명하다.

---

info.

대중교통
서울고속버스터미널–동해고속버스터미널(3시간 50분 소요), 고속·시외버스터미널 정류장에서 12-4번 버스 승차 후 무릉계곡 정류장 하차(1시간 20분 소요) / 문의: 서울고속버스터미널(1688-4700), 동해고속버스터미널(033-531-3400)

내비게이션
무릉계곡(강원도 동해시 삼화로 538 무릉계곡관리사무소, 033-534-7306), 추암해수욕장(강원도 동해시 북평동, 033-530-2234), 묵호등대(강원도 동해시 해맞이길 289 묵호항로표지관리소, 033-531-3258)

어디서 묵을까
'가장 만족도 높은 해수욕장 7관왕'에 오른 망상해변에서 캠핑카를 체험해보자. 망상오토캠핑리조트(033-534-3110)는 예약제로 운영한다. 오토캠핑과 카라반 시설을 이용할 수 있다.

무엇을 먹을까
동해의 여름 대표 먹거리는 오징어다. 갓 잡은 싱싱한 오징어로 만든 물회를 저렴하게 먹을 수 있는 곳이 묵호항과 어달항에 있는 횟집이다. 토속음식을 좋아한다면 200년 역사를 자랑하는 강원도 최대의 재래시장 동해 북평 오일장을 추천한다. 두꺼비집(033-521-5283)은 소머리국밥이 일품이고, 난전에서 파는 묵사발과 메밀전병도 맛있다. 장날은 3, 8이 들어가는 날이다.

오징어물회

문의: 동해시청 관광과(033-530-2231)

영월 어라연계곡

동강은 영월의 역사와 자연을 품고 유유히 흐른다. 그중 최고의
경치로 꼽히는 곳이 어라연계곡이다. 비늘이 비단처럼 보일 만큼
강에 물고기가 많다고 붙여진 이름이다. 어라연을 제대로 즐기려면
래프팅에 참여하여 물살을 온몸으로 느껴보거나, 어라연을 끼고
도는 트레킹 코스를 선택하면 된다.

문의: 동강래프팅(1544-7569)

그밖의 대표적인 계곡 여행지

제주도 돈내코계곡

멧돼지들이 물을 먹었던 곳이라 하여 '돈내코계곡'이라는 이름이
붙었다. 물빛은 육지에서 보기 힘든 청옥색이다. 한라산에서 발원한
얼음같이 차고 맑은 물이 흐르고, 계곡 중앙에 신랑폭과 신부폭으로
나뉜 원앙폭포가 있다. 계곡 건너편 돈내코유원지에는 야영장과
주차장, 취사장, 체력단련시설이 갖춰져 있다.

문의: 돈내코유원지(064-733-1584)

가평 용추계곡

경춘선이 개통되면서 가평
가는 길이 더욱 가까워졌다.
9개의 멋진 풍광이 있다 해서
용추구곡이라고 불리는데,
계곡물은 24km 넘게
흘러간다. 수도권과 가까워
자연과 교감하려는 사람들의
발길이 이어진다. 용추계곡이
있는 연인산도립공원에서는
치유를 위한 숲 체험 힐링
프로그램을 운영하고 있다.

문의: 연인산(031-580-2481)

아산 은행나무길
VS
청주 청남대

단풍놀이, 어디로 갈까? 샛노란 은행? 오색찬란한 단풍?
꼭 가봐야 할 단풍 명소는 아산과 청주이다.
다행스럽게도 서울에서 2시간이면 너끈히 도착하는 가까운 거리다.
2.2km에 이르는 긴 은행나무 터널과 대통령이 걷던 비밀의 정원에는
낙엽이 융단같이 소복이 깔렸다. 성큼성큼 가을 속으로 발을
내딛고 싶은 당신의 선택은?

은행나무길↑   청남대↓

당신과 걷고 싶은 길
아산 은행나무길

이보다 긴 은행나무길은 없다

아산대교에서 백암교차로까지 곡교천변을 따라 은행나무가 줄지어 서 있다. 약 4.5km 구간이다. 충무교에서 현충사 입구까지만 계산해도 족히 2.2km 안팎이다. 봄, 여름에는 푸른 은행잎이 계절에 싱그러움을 더하고, 가을에는 온통 샛노란 은행잎으로 사방을 물들인다. 1966년 현충사 공사를 하면서 자재를 운반하던 차들이 흙먼지를 일으키자 은행나무를 심기 시작했다고 한다. 식재할 당시의 나이까지 고려하면 현재 은행나무의 수령은 50년은 족히 넘은 것으로 추산된다. 손목 굵기였던 나무들이 이제는 아름드리나무로 성장했다.

은행나무길이 출사 명소로 입소문 나면서 찾는 사람들이 점점 늘어났다. 그러다 보니 자연스럽게 '전국 아름다운 10대 가로수 길'에 선정됐고, 2000년 산림청과 생명의 숲 국민운동본부가 공동으로 주관한 제1회 아름다운 숲 전국대회에서 '아름다운 거리 숲' 부문 우수 가로수길로 뽑히기도 했다.

은행잎이 물드는 시기는 다른 곳에 비해 조금 늦은 편이다. 주로 10월 말에서 11월 초 절정에 이른다. 때를 맞춰 아산시 농업기술센터에서 매년 국화 전시회를 열어 여행자들의 눈과 코를 즐겁게 해준다. 또한 곡교천변에 봄에는 유채꽃, 가을에는 코스모스가 피어 계절에 따라 여행의 묘미를 느낄 수 있다.

가을의 정취가 느껴지는 은행나무길 →

햇살을 받은 노란 은행잎이 횃불 밝혀 놓은 듯 눈부시다.

노랗게 물든 은행잎이 코스모스와 어우러져 장관을 이룬다.

은행나무 가로수길 따라 가을 속으로

은행나무길에 들어서면 별천지에 온 것 같다. 하늘을 올려다봐도 은행잎, 땅을 내려다 봐도 은행잎이다. 왕복 2차선 도로가 은행으로 시작해서 은행으로 끝난다. 은행잎이 노랗게 물들기 시작하면 곡교천 둔치 은행나무길에서는 차량을 통제한다. 약 700m 구간이다. 마음 놓고 사진을 찍으며 가을을 즐길 수 있다. 하지만 주말 낮에는 사람이 많아 호젓한 느낌이 덜하다. 나만의 사진 작품을 찍고 싶다면 평일 아침에 방문하는 게 상책이다. 특히 곡교천에서 물안개가 피어오를 때 은행나무 사이로 햇빛이 스며드는 장면은 부지런한 사람들만 볼 수 있는 자연의 선물이다. 현충사 입구 사거리부터는 주말이라도 덜 붐빈다. 다만 이 구간은 차량 통제가 되지 않으니 각별히 조심해야 한다.

노란 은행잎에 정신이 혼미해졌다면 현충사 경내로 들어가보자. 현충사는 충무공 이순신 장군의 정신과 위업을 선양하기 위한 곳이다. 영화 〈명량〉이 대박을 터트린 이후, 찾는 사람이 부쩍 늘었다.

충무공이순신기념관에는 국보 제76호로 지정된 《난중일기》, 《임진장초》, 서간첩 등이 전시되어 있다. 또한 충무공이 1594년 4월 한산도 진중에 있을 때 만든 충무공 장검(보물 제326호)도 관람할 수 있다. 칼의 길이가 무려 197.5cm에 달하고, 무게는 4kg이 넘는다. 충무문을 지나 정려, 연못, 고택, 본전에 이르는 길에는 단풍이 형형색색 물들어 가을 정취에 한껏 빠져들게 한다. 무료입장이며, 매주 월요일에 쉰다.

아산 이곳저곳 누비기

공세리성당은 영화 〈태극기 휘날리며〉와 드라마 〈사랑과 야망〉, 〈에덴의 동쪽〉을 촬영한 곳이다. 계절마다 색다른 풍경을 자아내는데, 겨울에는 외로움과 낭만이 잘 버무려진 모습이다. 감성적인 분위기를 풍겨서 미사가 없는 주중 오후에는 신자보다 사진가들이 더 많이 찾을 정도다.

조선 성종 때에는 공세곶에 충청도 일대에서 거둬들인 세곡을 저장하는 창고를 만들어 관리했다. 이후 1890년에 성당이 들어서고, 선교를 시작했다. 성당에는 수령 300년이 훨씬 넘은 느티나무가 세 그루 서 있다. 나무통 굵기가 두 사람이 안아도 넉넉하게 남을 정도다.

천년 소나무로 유명한 천년의 숲길은 '비손길'이란 이름으로 새롭게 태어났다. 봉곡사 주차장을 출발해 봉수산 능선을 따라 걷는 길이다. 베틀바위와 오형제고개 등 소소한

이순신 장군이 활쏘기 연습을 했던 현충사의 은행나무

영화, 드라마 촬영지로 유명한 공세리성당

은행나무집으로 알려진 맹사성이 살았던 맹씨행단

호젓하게 걷기 좋은 천년의 숲길

볼거리가 많아 유명한 길에 뒤지지 않는 재미가 있다. 주차장에서 봉곡사에 이르는 약 700m 구간을 '천년의 숲'이라 부른다. 숲에는 유독 상처 입은 소나무가 많다. 일제 강점기 송진을 무차별하게 채취해서 생긴 상처이다.

검소한 생활로 소문난 맹사성은 조선 초기 세종 때 영의정을 지낸 인물이다. 그가 살았던 맹씨행단 역시 평소 그의 성품을 닮아 소박하다. 맹씨행단이란 맹씨가 사는 은행나무집을 뜻한다. 본래 최영 장군이 살던 집으로, 이웃에 살던 맹사성을 평소 눈여겨본 장군이 그를 손녀사위로 삼아 물려주었다고 한다. 목조로 지은 살림집 중에서는 가장 오래된 집으로 650년이 넘었다.

info.

대중교통 서울 지하철 1호선 시청역-온양온천역(2시간 20분 소요), 온양온천역 1번 출구로 나와서 온양온천역 정류장에서 512번 버스 승차 후 석정4리 정류장 하차(13분 소요) / 문의: 서울 지하철 1호선 온양온천역(041-541-0865)

내비게이션 곡교천시민체육공원(충청남도 아산시 염치읍 석정리, 1577-6616), 현충사(충청남도 아산시 염치읍 현충사길 126, 041-539-4600), 공세리성당(충청남도 아산시 인주면 공세리성당길 10, 041-533-8181), 맹씨행단(충청남도 아산시 배방읍 행단길 25, 1644-2468), 봉곡사(충청남도 아산시 송악면 도송로632번길 138, 041-543-4004)

어디서 묵을까 외암민속마을에서 민박을 이용하면 좋다. 홈페이지(www.체험마을.한국)에서 민박 가능한 곳을 선택한 뒤, 전화로 예약하면 된다. 그중 하서원(010-9520-1299)은 한옥으로 숙박뿐 아니라 계절별로 각기 다른 농사 체험을 할 수 있어 아이를 동반하는 가족들에게 인기가 많다.

무엇을 먹을까 외암민속마을 내에 있는 신창댁(041-543-3928)은 가정식 백반이 주메뉴다. 뜨끈한 아랫목에서 먹는 시골청국장이 일품이다.
대산가든(041-541-6958)은 홍굴회짬뽕과 직접 만든 찐만두가 별미이다.

홍굴회짬뽕

문의: 아산시청 문화관광과(041-540-2517)

홍천 은행나무숲

이곳은 개인이 가꾼 사유림이다. 한 사람이 조성했다는 것이
믿어지지 않을 만큼 울창하다. 무려 30년을 가꾸고 있다고 한다.
1985년 이후, 단 한 번도 개방하지 않다가 2010년부터 입소문이
나기 시작하면서 '비밀의 숲'은 베일을 벗었다. 10월 한 달간
무료로 개방하는데, 매년 날짜가 조금씩 달라지므로 미리 확인하고
방문하는 것이 좋다. 입장시간은 오전 10시부터 오후 5시까지.

주소: 홍천 은행나무숲(강원도 홍천군 내면 광원리 686-4)

그밖의 대표적인 은행나무 여행지

괴산 문광(양곡)저수지

황금빛으로 물든 문광저수지는 물 위에 비친 노란 은행나무와
주변의 울긋불긋한 산세와 어우러져 한 폭의 산수화를 떠오르게
한다. 은행나무의 아름다운 변신을 카메라에 담으려는 사진가들이
아침 일찍부터 몰려든다. 이에 문광면 양곡1리 주민들은 저수지
일원에서 마을 행사를 열고 은행 굽기, 은행잎 편지 쓰기,
은행나무길 사진전 등을 개최한다.

문의: 문광면사무소(043-830-2512)

공주 갑사

만추의 은행나무길로 유명한
곳이 가을 추(秋)자, 추갑사로
유명한 '갑사 가는 길'이다.
11월 초순경에 절정을
맞아 황금빛 드레스로 옷을
갈아입는 은행나무가 왕복
2차선 도로에 늘어서 있다.
출사 명소로 유명한 이곳은
계룡면 중장리 496번지부터
중장주유소까지 1.2km
구간에 걸쳐 황금 터널을
이루고 있다.

문의: 갑사(041-857-8981)

대통령이 걷던 비밀의 정원
청주 청남대

운명에 이끌리듯 첫눈에 반해버린 곳

대통령의 별장은 은밀한 곳에 있다. 대청호가 요새처럼 둘러싸고 있어 외부인이 드나들기 어렵다. 수면을 오가던 바람에게 몸수색을 받은 후에야 출입을 할 수 있을 듯하다. 그래서일까. 청남대에 들어서는 길은 신비로우면서도 긴장된다.

청남대는 '남쪽에 있는 청와대'란 뜻이다. 1983년 전두환 전 대통령부터 2003년 고(故) 노무현 전 대통령까지 대한민국 대통령의 공식 별장이었다. 1980년 대청댐 준공식에 참석한 전두환 전 대통령이 이곳을 돌아보던 중 경치에 매료되어 별장을 지을 것을 지시했다고 한다. 이후 역대 대통령들이 20여 년 동안 400여 일을 이곳에서 휴가를 보냈다.

대통령은 어떻게 휴가를 보낼까. 그들도 평범한 사람들처럼 일상에서 벗어나 아무것도 하지 않은 채 쉬고 싶지 않을까. 나랏일의 무게감으로 철저히 고독하지는 않을까. 국가 중대사의 선택과 결정, 보이지 않는 미래에 대한 구상 등 대통령의 머리는 항상 긴장의 연속일 테니 스트레스가 심할 수밖에 없다. 스트레스에서 벗어나 자유롭고 싶은 마음은 같은 인간이기에 충분히 이해할 수 있다. 김영삼 전 대통령은 '청남대 구상'이란 말을 만들어낼 만큼 청남대를 즐겨 찾았다. 대통령으로서 첫 여름휴가를 마친 직후에는 '금융실명제'를 발표해 세상을 놀라게 했다.

69

단풍 구경하기 좋은 청남대 산책로

청남대 양식장에 핀 연꽃

그대로 재현해 놓은 대통령 집무실

역대 대통령의 이름을 딴 산책로

주인 떠난 곳에 시간도 멈춰

대통령역사문화관에서는 대통령의 일상을
담은 사진이 전시 중이다. 뉴스에서 보던 딱
딱한 표정이 아니라 이웃집 아저씨같이 편
안한 대통령의 얼굴이 담긴 사진을 볼 수 있
다. 본관에서는 20년이 넘은 가구와 가전제
품들이 멈춰버린 시간을 대변하고 있다. 특
히 달력에 박힌 2003년 4월 18일이란 날짜는
매우 중요하다. 청남대의 주인이 대통령에서
충청북도로 바뀐 역사적인 날이기 때문이다.
이날을 기념하기 위해 달력을 교체하지 않고
있다. 1층에는 회의실, 접견실, 식당이 있고,
2층에는 대통령 전용 공간으로 침실, 서재,
가족실 등이 있다. 본관을 배경으로 〈제빵왕
김탁구〉, 〈카인과 아벨〉, 〈제5공화국〉 등 인
기 드라마가 숱하게 촬영되었다.

청남대 본관

청남대에서 단풍이 특히 보기 좋은 곳은 역대
대통령의 이름을 딴 산책로다. 목재 데크, 황

대한민국 초대 대통령인 이승만 대통령의 동상

톳길, 마사토길 등으로 조성되어 걷기 편하다. 20년 이상 일반인들의 발길이 닿지 않은 탓
에 삼림욕장이 부럽지 않을 만큼 수목이 울창하다. 대표적인 명소로는 대통령이 가족들
과 썰매를 타며 시간을 보낸 양어장과 낚시를 즐겼던 그늘집, 김대중 전 대통령의 고향집
을 본떠 만든 초가정 등이 있다. 산책로는 소요시간에 따라 1시간부터 4시간짜리 코스로
나뉜다. 가장 많은 사람이 찾는 길은 2시간 코스다. 본관을 돌아보고 골프장과 대통령광
장을 거쳐 초가정까지 다녀오는 길이다. 인터넷 예약·결제를 하면 자가용을 이용해 입구
주차장까지 들어갈 수 있다. 올해 10월 말부터 11월 초까지 가을 국화 전시전이 열린다.

청주 이곳저곳 누비기

문의문화재단지는 1980년 대청댐이 건설되면서 수몰 위기에 처한 지역 문화재를 보존
하고, 주민들에게 휴식공간을 제공하고자 1992년에 문을 열었다. 양성문에서 곧장 걸

어가면 대청호미술관이 나온다. 주변에는 조
각공원이라 해도 괜찮을 만큼 훌륭한 조각
품 수십 점이 전시 중이다. 단지에는 노현리
민가, 낭성 관정리 민가, 부용 부강리 민가 등
중부 지방의 가옥이 이전·복원되어 있다.
총 250만㎡의 넓은 부지에 자리한 미동산수
목원은 청주, 대전 지역 시민들에게 인기 있

지역문화재를 복원해 놓은 문의문화재단지

는 명소이다. 900여 종의 식물이 조화롭게 뿌리 내린 중부권 최대의 수목원이다. 목재
문화재체험장, 산림과학박물관, 산림환경생태원 등을 한 바퀴 돌고 나면 자연이 주는
혜택이 얼마나 대단한 것인지 새삼 깨닫게 된다. 조용히 산책의 묘미를 즐기고 싶은 사
람에게 더없이 좋은 곳이다.

알려지지 않은 비경을 원한다면 옥화 9경을 찾아보자. 이곳은 자연이 만든 아름다움이
골고루 들어 있는 종합선물세트 같은 곳이다. 미원면 달천천을 따라 9개의 경승지가 자
리하고 있는데, 누구나 좋아할 만한 곳이다. 구석기 시대의 유물이 발견된 청석굴, 여름
에 인기 좋은 용소, 소나기를 피하기 좋은 옥화대와 아름드리나무가 초록 빛깔을 뽐내
는 금관숲도 찾아가볼 만하다.

info.	
대중교통	센트럴시티터미널-청주공항 정류장(1시간 30분 소요), 청주공항 정류장에서 747번 버스 승차 후 상당공원 정류장 하차, 문의 방면 지하상가 정류장에서 311번 버스로 환승하여 문의 정류장 하차(1시간 30분 소요), 청남대 문의매표소에서 입장권을 구입하고, 청남대 셔틀버스 승차(15분 소요) / 문의: 센트럴시티터미널 (02-6282-0114), 청남대관리사업소(043-257-5080)
내비게이션	청남대(충청북도 청주시 상당구 문의면 문의시내로 6 청남대매표소, 043-257-5080), 문의문화재단지(충청북도 청주시 상당구 문의면 대청호반로 721 대청호미술관, 043-201-0915), 미동산수목원(충청북도 청주시 상당구 미원면 수목원길 51 충청북도 산림환경연구원, 043-220-6101), 옥화9경(충청북도 청주시 상당구 미원면, 043-251-3602)
어디서 묵을까	옥화자연휴양림(043-283-3200)은 울창한 산림과 청정 시냇물이 있어 가족 단위 휴양지로 적합하다. 숲속의 집은 3~4명이 묵을 수 있는 숙소와 20명 이상 투숙 가능한 시설을 갖추고 있다. 주변에 옥화9경이 인접해 있어 다음 날 반나절 동안 여행하기 좋다. 세종스파텔(043-213-2332)은 호텔과 사우나를 겸한 숙박시설로, 사우나에서는 세계 3대 광천수로 손꼽히는 물로 씻을 수 있다.
무엇을 먹을까	물 좋은 금강에서 잡아 올린 송어가 맛있다. 육질이 단단하고 쫄깃해서 민물 횟감으로 으뜸이다. 고추냉이간장이나 초고추장에 찍거나, 콩가루, 야채 등을 곁들여 먹어도 좋다. 금호송어장(042-931-5050)과 오가리식당(042-932-2885)에 손님이 많다. 부부농장(043-298-0841)은 손수 재배한 야채와 정갈한 밑반찬, 맛깔스러운 고추장삼겹살로 인기가 높다.

송어회

문의: 청주시청 관광과(043-201-2042~4)

정읍 내장산국립공원

내장산은 부정할 수 없는 대한민국 단풍 1번지이다. 힘들게 등산을 하지 않아도 도로변에서 색을 뽐내는 단풍을 눈이 시리도록 구경할 수 있다. 내장사까지 약 3km 정도 되는 구간에 단풍이 오색찬란하다. 내장산의 단풍잎은 잎이 얇고 작다. 더군다나 빛깔까지 곱다. 생김새가 젖먹이 손바닥 같다고 해서 애기단풍이라 불린다. 내장산 단풍색이 화려한 이유는 내장산계곡을 비롯해 원적계곡, 금선계곡 등 물줄기를 품고 있기 때문이다.
문의: 내장산국립공원(063-538-7875)

그밖의 대표적인 단풍 여행지

청송 주왕산국립공원

주왕산은 웅장한 암봉과 수려한 계곡이 어우러진 우리나라 3대 암산 중 하나다. 초입부터 등장하는 거대한 암석 봉우리가 시선을 제압한다. 위풍당당한 장군 옆에 울긋불긋 비단옷 입은 아리따운 여인이 서 있듯 단풍이 색색으로 물들었다. 백학과 청학이 살았다는 학소대, 절벽이 금방이라도 무너질 것 같은 급수대, 장쾌하게 흐르는 폭포수와 함께 주왕산의 가을은 홍시처럼 무르익는다.
문의: 주왕산국립공원(054-873-0018)

서울 경복궁

서울 고궁은 도심에 있어 언제든 갈 수 있다는 점이 매력이다. 특히 경복궁 제일명소인 향원정에서 느끼는 가을의 정취는 상상 이상이다. 정자의 고즈넉함과 핏빛처럼 붉은 단풍이 물에 비친 모습은 보는 이의 마음에 잔잔한 파문을 일으킨다. 수변을 돌면서 보면 방향에 따라 풍광이 다르게 다가온다.
문의: 경복궁(02-3700-3900)

서천 신성리갈대밭
VS
울산 간월재

갈대와 억새. 비슷해 보이지만 너무도 다른 식물이다.
닮은 점이라고는 벼과의 여러해살이풀이라는 것뿐.
갈대는 습지나 강가에서 자란다. 억새는 드물게 습지나
강가에서 자라기도 하지만 주 무대는 산이나 들이다.
갈대는 키가 크다. 3m 가량 자라며 줄기에 잎이 어긋나서 자란다.
잎맥이 없고 줄기 속은 비어 있다. 억새는 1~2m 정도 자라
은색의 꽃을 피우며 흰색의 잎맥이 있다. 항상 우리를 헷갈리게 하는
갈대와 억새를 만나러 가자.

신성리갈대밭↑   간월재↓

영화 속 그곳
서천 신성리갈대밭

광활한 갈대밭, 더위마저 식힌다

서천 신성리갈대밭은 금강 하구에 있다. 너비 200m, 길이 1.5km에 이르는 대단위 면적으로, 규모 면에서 우리나라 4대 갈대밭 중 하나다. 깨끗한 금강과 기름진 서해 갯벌이 만나는 자리여서 갈대의 몸통이 굵고 튼튼하다. 제방도로에 올라선 사람들이 외마디 탄성을 지르는 이유도 광활한 규모 때문이다.

서천을 찾는 사람들에게 신성리갈대밭은 꼭 가봐야 할 성지 같은 곳이다. 갈대밭의 아우라가 이처럼 대단하다 보니 영화 〈공동경비구역 JSA〉, 〈쌍화점〉, 드라마 〈추노〉, 〈자이언트〉 등 많은 작품의 촬영지가 되었다. 주로 추격이나 전쟁 등 긴박한 상황을 연출할 때 배경으로 등장했다.

하늘과 맞닿아 물결치는 갈대가 장관을 이룬다.

갈대밭을 가로지르는 다리를 건너면 흥겨움이 최고조에 달한다.

라이딩을 즐기기에 최적인 금강 갈대밭

주중에는 자연학습장에서 체험 학습을 하려는 인근 학교 학생들, 주말에는 연인과 가족 단위 여행객들이 많이 찾는다. 사진가들은 이른 아침과 해 질 녘에 셔터를 눌러댄다. 이른 봄에는 갈대밭이 썰렁하니 갈대여행을 계획한다면 5월 이후부터가 좋다. 장마가 끝나면 금강의 수량이 늘어나면서 갈대가 자라기에 최적의 조건을 갖춘다. 갈대가 본격적으로 쑥쑥 자라는 시기도 이때다. 하루가 다르게 자란 갈대는 키가 무려 3m에 이른다. 이때부터 푸른 갈대가 바람에 흔들리며 여름을 노래한다. 금강이 빛을 받아 반짝일 때, 그 앞에서 춤추는 갈대를 보고 있자면 황홀경에 빠져든다. '쉬~' 하는 강바람 소리와 어울려 더위마저 식혀버린다.

갈대의 노랫소리 가을을 노크하다

가을에는 더욱 치명적이다. 서천에서 가을을 가장 먼저 느낄 수 있는 곳도 여기다. 바람이 제법 쌀쌀한 11월 초에 신성리갈대밭은 절정에 이른다.

갈대밭에 들어서면 색다른 경험을 할 수 있다. 바람이 갈대에 '사사삭, 쉬이쉬이'하고 옷을 입힌 뒤 춤추게 한다. 빛을 받아 영롱하게 빛나는 갈대꽃이 강바람에 흔들리는 모습이 장관이다. 갈대밭 깊숙이 들어가면 갈대가 부딪치는 소리가 더욱 요란해진다. 바람이 세게 불면 사람도 갈대처럼 휘청거린다. 그 바람에 맞잡은 연인의 손에 더욱 힘이 들이간다. 미로처럼 이어진 갈대밭에서는 길이 끊어지는 듯싶다가 이어지고 막혔다가 뚫린다. 갈대 숲길은 영화길, 유머길, 문학길 등으로 나뉘어 걷기에 지겹지 않다. 메인 산책로를 따라 미로처럼 이어진 길이다 보니 특정한 길을 찾아가기란 쉽지 않다. 대부분 걷다 보면 만나고, 또 걷다 보면 다음 테마길에 이어지는 식이다.

가을 갈대밭은 허무한 헤어짐이나 단순한 끝맺음을 뜻하지 않는다. 저무는 것의 낭만과 새로운 출발의 설레임이 그 속에 숨어 있다. 겨울이 되면 철새들이 날아와 보금자리를 만들기 위해 부석거린다. 절정에 이른 갈대꽃 아래 부산하게 움직이는 새 이웃들의 움직임이 있어 갈대밭은 겨울에 더욱 활기차다. 이 계절에는 청둥오리, 고니, 기러기, 괭이갈매기가 갈대밭의 주인이 된다.

서천 이곳저곳 누비기

신성리갈대밭으로 향하는 길에 한산모시관이 있다. 우리 전통 천연 섬유의 우수성과 역사를 관람·체험할 수 있는 곳이다. 전국 모시 유통의 80%가량을 차지하고 있는 한산의 명성에 걸맞게 전시관 역시 잘 꾸며져 있어 아이들의 체험 학습에 도움이 된다. 주말은 물론 주중에도 한산모시전시관, 시연공방, 토속관, 모시매기공방에서는 체험 학습 나온 또랑또랑한 눈빛의 초등학생들을 만날 수 있다. 특히 시연공방에서는 한산모시짜기 기능보유자인 방연옥 선생과 나상덕 선생의 모시 짜는 모습을 직접 볼 수 있다.

한산오일장은 충청남도 서천군 한산면 지현리에서 1, 6일에 서는 장이다. 한산모시를

한산모시관 실내 전시물

시연공방에서 선보이는 모시 짜기

시골의 정취가 살아 있는 한산오일장

빈티지한 분위기의 판교마을

주로 취급해서 새벽 일찍 장이 열린다. 때문에 한산오일장은 점심때가 지나면 썰렁하다. 한산오일장을 거쳐서 서천을 여행할 계획이라면 장터 구경은 오전 중에 하는 게 좋다.

판교마을을 걷다 보면 1960년대 영화 세트장에 온 듯한 기분이 든다. 50년 전 모습 그대로 시간이 멈춰 여행자가 철저히 이방인이 되는 순간을 경험할 수 있다. 옛 건물들과 골목길은 나이 든 여행자에게는 향수를, 젊은 여행자에게는 과거로의 시간 여행을 선물한다. 유명 관광지는 아니지만 빈티지한 분위기 때문에 젊은이들 사이에 입소문이 나고 있다. 주말에는 카메라를 든 젊은이들을 어렵지 않게 목격할 수 있다.

> **info.**
>
> **대중교통** 서울남부터미널-한산공용터미널(4시간 35분 소요), 한산공용터미널에서 314번 버스 승차 후 신성리 정류장 하차(23분 소요) / 문의: 서울남부터미널(02-521-8550)
>
> **내비게이션** 신성리갈대밭(충청남도 서천군 한산면 신성리 125-1, 041-950-4224), 한산모시관(충청남도 서천군 한산면 충절로 1089, 041-951-4100), 한산오일장(충청남도 서천군 한산면 충절로1173번길 21-1, 070-4103-1651), 판교마을(충청남도 서천군 판교면 현암리 182, 041-951-5001)
>
> **어디서 묵을까** 춘장대해수욕장 근처에 숙박업소가 많다. 월하성(010-6376-4711)은 춘장대해수욕장에서 약간 떨어진 월하성 바닷가에 있어 조용한 편이다. 마을 해안선이 초승달을 닮았다. 낚시와 갯벌 체험을 원하는 사람들이 찾는다.
>
> **무엇을 먹을까** 섞박지는 1700년대부터 궁중은 물론 서민까지 즐겨 먹어온 한산을 대표하는 김치다. 일반 김치와 달리 심심하게 절인 배추와 큼직하게 썬 무, 미나리, 쪽파, 마늘, 고춧가루 등을 넣고 발효시켜 맛이 시원하고 깔끔하다. 섞박지를 맛볼 수 있는 곳은 삼거리식당(041-951-0206)과 오라리집(041-951-0629), 향토회관(041-951-7668) 등이다.
>
> 문의: 서천군청 문화관광과(041-950-4256),
> 　　　서천종합관광안내(041-952-9525)

안산 갈대습지공원

시화호의 수질 개선을 위해 한국수자원공사가 조성했다. 시화호는
한때 환경오염의 주범이었지만, 다양한 조류와 어류, 야생
동물들이 삶을 이어가는 생태공원으로 거듭났다. 갈대습지를
관찰할 수 있는 나무 테크 산책로가 1.7km 정도 이어지며 곳곳에
편안한 쉼터가 많아 시민들이 자주 찾는다.

문의: 안산 갈대습지공원(031-419-0504)

해남 고천암호

무려 180만㎡(55만 평)에 달하는
국내 최대 규모의 갈대밭이다.
영화 〈살인의 추억〉, 〈서편제〉,
〈청풍명월〉 등 많은 작품의
촬영지다. 매년 늦가을,
철새들의 안식처가 되면서
갈대밭은 분주해진다. 수천
마리의 새들이 날아오르는
군무를 보기 위해 전국에서
많은 이들이 이곳을 찾는다.

문의: 해남관광안내
(061-532-1330)

(그밖의 대표적인
갈대 여행지)

양양 남대천

양양 남대천은 연어의 고향이다. 태평양으로 떠났던 연어들이
5년간의 긴 여정을 마치고 남대천으로 돌아온다. 생명의 보고,
남대천 둔치는 야생 식물의 천국이다. 연어의 귀향을 환영하듯 갈대가
해풍에 몸을 흔들며 춤춘다. 매년 가을에 양양연어축제가 열린다.

문의 : 양양관광안내(033-670-2207)

굽이치는 능선 따라 억새도 춤춘다
울산 간월재

우리나라 최대·최고의 억새 군락지

간월재는 울산광역시 울주군에 있는 억새 평원으로 영남 알프스에 속한다. 영남 알프스는 울산, 밀양, 청도에 걸쳐 있는 가지산(1,241m), 운문산(1,188m), 천황산(1,189m), 간월산(1,069m), 신불산(1,159m), 영축산(1,081m), 고헌산(1,034m)으로 이루어진 해발 1,000m 이상의 높은 산악 지대를 일컫는다. 산 정상에 오르면 해발 표지만 봐서는 알 수 없었던 웅장한 높이의 위압감을 실감할 수 있다. 휘몰아치는 산세는 특별한 느낌마저 준다. 미려한 억새 능선은 장관을 거듭한다. 황홀하게 떠오르는 태양까지 더해지면 감당하기 어려운 아름다움에 할 말을 잃게 된다.

억새 평원은 천황산 정상부에 있는 사자평이 으뜸이다. 면적이 약 413만㎡(125만 평)에 이른다. 그에 비해 간월재(910m)는 특별한 등산 장비 없이 일반인도 쉽게 오를 수 있는 곳이다. 신불산과 간월산 사이에 있다.

신불산공원 내에 간월재 임도가 놓여 있어 억새 평원까지 1시간이면 충분하다. 또 다른 길은 등억온천지구에서 홍류폭포를 지나 간월재로 올라가는 코스다. 개인 체력에 따라 다르지만 2시간가량 소요된다. 등산로가 가팔라서 초보자나 일출 산행을 하기엔 적절하지 않다. 억새 평원에서 1시간을 더 걸어가면 신불산 정상이다.

바람과 억새가 만드는 빛의 향연

산 꽤나 탄다는 사람치고 가을에 간월재 억새 평원 한번 밟지 않은 사람이 있을까. 입소 문은 일반인들의 신발 끈까지 동여매게 한다. 특히 억새꽃이 피는 가을에는 사진 마니 아들이 간월재에서 일출 사진을 담기 위해 발 도장을 찍는다.

간월재는 시간에 따라 온도와 색감이 변한다. 여명 이후부터 이른 아침까지는 새하얀 억새가 푸르스름한 빛을 낸다. 공포 영화에 나올 법한 색깔이다. 태양이 머리 꼭대기로 향하면 어젯밤 내린 이슬이 증발하면서 억새가 기지개를 켜고 잠에서 깨어난다. 이때부 터 색의 주관자는 바람이다. 어느 방향에서 바람이 부는가에 따라 은빛으로 반짝이기도 하고, 순백의 무채색이 되기도 한다. 한바탕 바람이 세차게 불면 억새 평원은 무도회장 으로 변한다. 왼쪽, 오른쪽, 슬로우, 슬로우, 퀵, 퀵. 무도회장을 단숨에 휘어잡는 백작 부인의 우아한 춤사위에 억새 평원은 바다가 된다. 파도가 부서져 하얀 물거품을 일으 키듯 새하얀 억새꽃이 하늘로 날아올라 흩어진다. 해 질 무렵엔 하얀 억새가 호박색으 로 변한다. 따뜻하고 포근하다. 시간이 지날수록 빛이 성숙해진다. 붉은 기운이 감돌더 니 어느덧 농염한 여인의 볼처럼 관능적인 색을 발산한다. 사진가들은 시시각각 변하는 색의 화려한 변주를 카메라에 담느라 분주하다. 깊은 가을, 간월재 억새보다 훌륭한 모델이 있을까.

울산 이곳저곳 누비기

솔숲과 연결된 대왕암공원은 울산 동구에 있는 해변공원이다. 공원 입구에 들어서면 먼저 키 큰 소나무 1만5천여 그루가 반긴다. 장장 600m나 이어지는 숲길은 100여 년의 역사를 가지고 있다. 숲길을 지나면 '아름다운 등대 16경'에 선정된 울기등대가 왼편에 보인다. 1906년에 설치되어 장장 100년이 넘는 기간 동안 동해 뱃길의 길잡이 역할을 하고 있다. 대왕암은 울주군 간절곶과 함께 해가 가장 빨리 뜨는 곳으로, 매년 1월 1일이면 새해맞이축제가 열린다.

하늘로 용솟음치듯 돋아난 대왕암

울산 태화강대공원에 자리한 십리대숲길

숲 그늘이 어울어진 대왕암공원

면적이 서울 여의도공원의 2~3배에 달하는 태화강대공원은 공업도시 울산에서 산소탱크 역할을 톡톡히 해내고 있다. 봄에 유채꽃과 청보리가 삭막한 도심을 채색하고, 가을에는 국화가 만발해 탐방객들의 발목을 붙잡는다. 야외 공연장에서는 철마다 다양한 축제가 열리고, 주말이면 볼거리가 더욱 풍성해진다. 가장 볼 만한 곳은 울산 12경의 하나인 십리대숲이다. 담양의 죽녹원과 거제도의 맹종죽테마파크가 무릎을 꿇을 정도다.

외고산옹기마을은 이름부터 낯설다. 작은 마을이지만 우리나라 민속 옹기 대부분을 이곳에서 생산한다. 한국 전쟁 이후 옹기장인 허덕만 선

옹기 조각으로 완성된 벽화

생이 이곳에서 옹기를 굽기 시작하여 1960~70년대 최대 전성기를 누렸다. 우리나라 대표 옹기마을답게 골목에는 옹기 벽화가 그려져 있다. 투박한 그림부터 사실적인 그림까지 여느 벽화마을과 견주어도 손색이 없다.

> **info.**

대중교통   서울고속버스터미널-울산고속버스터미널(4시간 40분 소요), 시외·고속버스터미널 정류장에서 1703번 좌석버스 승차 후 KTX 울산역 정류장 하차(1시간 20분 소요), 323번 버스(1일 9회 운행)로 환승해야 한다. 간월교 정류장에서 하차해 약 600m를 걸으면 신불산주차장이다.

내비게이션   간월재(울산광역시 울주군 상북면 등억리, 052-229-7882), 대왕암공원(울산광역시 동구 일산동 산907, 052-209-3754), 태화강대공원(울산광역시 중구 내오산로 67, 052-229-6144), 외고산옹기마을(울산광역시 울주군 온양읍 외고산3길 36, 052-237-7894)

어디서 묵을까   SM리조트(052-254-0800)는 신불산과 가지산이 만나는 영남 알프스의 아름다운 자연을 느낄 수 있는 곳이다. 브이온천모텔(052-254-1700)은 등억온천지구에 있으며, 한국관광공사에서 지정한 굿스테이 모텔이다.

무엇을 먹을까   울산 정자항에 가면 대게를 좀 더 저렴하게 먹을 수 있다. 먼저 대게를 사서 상차림집에 올라가면 된다. 유정호선장집(052-295-6620)은 뱃일만 50년 넘게 한 베테랑 선장이 직접 대게를 잡아 공수하고, 안주인이 10년 넘게 차림상을 내놓고 있다. 매일 상차림이 바뀌기로 유명하다. 이렇게 해서 남는 게 있을까 싶을 정도로 상이 푸짐하다.

대게찜

문의: 울산관광안내소(052-229-6353)

정선 민둥산

정선 아리랑의 고장, 정선의 민둥산은 대한민국 대표 억새
여행지이다. 우리나라 대부분의 산은 새마을운동 때 사방사업을
거치면서 벌거숭이 신세를 면했다. 드물게 벌거숭이산으로 남아
있는 곳이 몇 있는데, 민둥산(1,118.8m)이 그런 곳이다. 가을마다 산
정상부의 탁 트인 능선을 따라 은빛 억새가 넘실거린다.
문의: 민둥산(033-562-3911)

(그밖의 대표적인 억새 여행지)

서울 하늘공원

옛 난지도를 기억하는가? 우주 전쟁으로 폐허가 된 지구가 연상될
만큼 쓰레기로 가득했던 곳이 하늘공원으로 재창조되었다.
월드컵공원 중 가장 하늘과 가까운 곳이다. 봄부터 여름까지는
푸른 억새가 초원을 방불케 할 만큼 장관을 이룬다. 가을에는
황금빛으로 물든 억새가 가을의 전령사로 나선다. 가장 높은 곳에
있는 '하늘을 담는 그릇'이 명물이다. 일몰 시간이 되면 발 디딜 틈
없이 많은 사람이 모여든다.
문의: 하늘공원탐방안내소(02-304-0085)

포천 명성산

19만8347㎡ 면적의 명성산
억새밭은 전국 5대 억새
군락지로 손꼽힌다. 정상으로
가는 길목의 너덜바위
지대가 끝나면 하늘이
열리고 넓은 구릉지에 억새
군락지가 펼쳐진다. 포천시는
1997년부터 매년 10월에
'산정호수 명성산 억새축제'를
열고 있다. 주요행사로는
참가자들이 쓴 편지를 1년 후에
받는 '억새밭 빨간 우체통',
명성산 정상 팔각정에서
열리는 '산정음악회' 등이 있다.
문의: 포천시청 관광과
(031-538-2067~9)

용인 MBC드라미아
VS
순천 드라마세트장

TV에서 본 그곳 맞아? 여느 드라마 세트장을 돌아본 뒤 든 생각이다.
뚝딱뚝딱 대충 지은 드라마 세트장은 실망만 안겨줄 뿐이다.
하지만 용인 MBC드라미아와 순천 드라마세트장은 격이 다르다.
충분히 고증하고, 꼼꼼하게 마무리한 덕분이다.
물론 기대에 비해 대단치 않게 보일 수도 있다.
그렇다 해도 사극과 근·현대극을 촬영하기에 이만한 곳도 없다.
실감 나는 드라마의 현장을 보고 싶다면 그곳으로 가보자.

MBC드라미아↑   순천 드라마세트장↓

사극, 한류의 중심에 서다
용인 MBC드라미아

MBC드라미아, 사극 세트장의 차별화를 선언하다

최근에 종영한 차승원 주연의 역사 드라마 〈화정〉을 기억할 것이다. 또한 〈해를 품은 달〉, 〈주몽〉, 〈선덕여왕〉 등 수많은 여심과 남심, 오빠, 누나, 삼촌 부대를 울리고 웃겼던 안방극장의 사극들도 있다. 그중 몇몇 작품은 한류 바람을 일으켜 '한류앓이'의 주인공이 되기도 했다. 이 작품들의 촬영지가 궁금하다면 용인으로 떠나보자. 요즘은 용인 MBC드라미아가 사극의 성지로 부상하고 있다. 겉만 번지르르한 드라마 세트장에 속고 또 속았던 관람객이라도 이곳에서만큼은 후회하지 않을 것이다. 일회용으로 허술하게 지은 게 아니라 반영구적으로 쓸 계획으로 삼국·고려·조선 시대의 건축 양식과 생활 공간을 꼼꼼하게 재현해 놓았다. 세트장이 아니라 사람이 살아도 무방할 만큼 튼튼하게 지었다. 한류체험관, 한옥 게스트하우스, 한옥마을까지 계획 중이라니 앞으로가 더 기대된다. 게다가 운이 좋으면 촬영 중인 배우들과의 가슴 뛰는 만남도 가능하다. 물론 멀리서 지켜봐야 하는 아쉬움은 참아야 하겠지만.

용인 MBC드라미아는 엄청난 규모로 관람객을 놀라게 한다. 세트장 면적만 16만5천㎡

(약 5만 평), 전체 면적은 277만6천860㎡(약 84만 평)로 국내 최대 규모다. 전부 돌아보는 데 2시간 이상이 소요될 정도니 가히 크기를 짐작할 수 있다. 무엇보다 단순히 촬영장을 돌아보는 차원을 넘어 역사 속을 걷는 듯한 묘한 흥분을 체험할 수 있다. 그 이유는 건물은 물론 세밀한 부분까지 철저한 고증을 거쳐 지었기 때문이다.

2시간 동안의 드라마 같은 여행

MBC드라마이는 뜨거운 햇볕이 기승을 부리는 여름보다 봄가을에 찾는 게 좋다. 돌아봐야 할 곳이 워낙 넓어서다. 입구에는 사극 한류 바람을 일으켰던 대장금 기념 세트장이 있다. 이곳에서 촬영한 건 아니지만 해외 팬들을 위한 배려 차원에서 꾸며 놓았다. 물결치듯 이어지는 청기와를 따라 최우의 사택과 관가를 돌아보고, 오른쪽으로 들어서면 낯익은 풍경이 눈에 들어온다. 사극에 감초처럼 등장하는 저잣거리다. 여러 단역과 주인공이 뒤섞여 역동적인 군상의 모습을 보여주는 장소다. 포목점, 자기점, 푸줏간 등이 빼곡히 자리하고 있다. 연이은 포도청과 옥사에서 발길이 멈춘다. 이곳에서는 죄인을 심문하는 장면이 주로 촬영되었다. 언덕에 자리한 안양루에 오르면 세트장이 한눈에 들어온다. 아래로 내려오면 연무장 다음으로 넓은 면적을 차지한 인정전이 위용을 뽐낸다. 드라마에서 왕 즉위식이나 연회 장면을 주로 촬영하는 곳이다. 뒤편 보평전과 창덕궁 후원에 있는 규장각을 지나 동궁전에 이르면 절반은 돌아본 셈이다. 동궁전은 세자와 세자빈이 거처하던 곳으로 여성스럽고 아기자기하게 꾸며져 있다. 드라마 〈해를 품은 달〉에서 연우(한가인 분)가 머물렀던 공간이다.

지금까지 조선 시대를 돌아봤다면 이제 삼국 시대가 기다린다. 열선각, 감찰부, 미실궁이 이어지는데, 조선 시대 건물들에 비해 좀 더 화려하고 여성스럽다. 미실궁과 처소는 드라마 〈선덕여왕〉에서 미실(고현정 분)이 머물던 곳이다. 끝으로 사극에서 빼놓을 수 없는 무술 액션 장면을 촬영하는 연무장을 돌아보면 2시간의 드라마 여행이 마무리된다.

용인 이곳저곳 누비기

용인으로 나들이를 간다면 십중팔구 에버랜드를 찾기 마련이다. 365일 다채로운 볼거리와 놀거리, 세계 정상급의 화려한 쇼가 펼쳐지기 때문이다. '축제의 나라'라는 캐치프레이즈 아래 사계절 다양한 축제가 열리는데, 봄에는 색색의 튤립 축제, 여름에는 캐리비안의 정열을 그대로 옮겨온 파도풀, 가을에는 향기로운 국화의 향연, 겨울에는 눈썰매장을 즐길 수 있다. 야간 개장을 할 때는 갖가지 눈부신 조명 아래 놀이기구를 타고, 로맨틱한 불꽃놀이를 즐길 수 있다. 이런 다채로운 행사를 누리고자 연인들의 발길이 이어지고 있다.

캐리비안베이 파도풀장

경기도박물관 외관

실내 전시물

경기도의 과거, 현재, 미래를 한눈에 볼 수 있는 곳이 경기도박물관이다. 상설 전시물을 통해서 경기도의 전반적인 역사와 유산을 알아가는 재미도 남다르지만, 다양한 테마의 특별전시물은 더욱 흥미를 끈다. 매월 독특한 유물을 집중 조명하고, 유래와 의미를 같이 짚어볼 수 있어 뜻깊다. 박물관과 연계해 규방공예 동호회, 민화 동호회를 운영하며, 일반 시민이 참여해 직접 전통공예에 도전해볼 수도 있다. 어린이, 청소년, 어른으로 나누어진 각종 체험 프로그램을 통해 '보는 박물관'에서 '체험하는 박물관'으로 진일보하고 있다. 바로 옆 어린이박물관은 아이를 동반한 가족에게 최고 인기다. 아이들 눈높이에 맞춘 각종 전시물과 체험물은 이곳을 박물관이 아니라 큰 놀이터로 착각하게 한다. 부모들을 배려한 편안한 좌석과 상상력을 일깨우는 각종 장난감이 아이들의 손길을 기다리고 있다.

info.

대중교통 지하철 에버라인 기흥역~운동장·송담대역 하차(24분 소요), 포브스병원 정류장에서 10번 버스 승차 후 백암터미널 정류장 하차(1시간 3분 소요), 105번 버스 환승 후 MBC드라마세트장 정류장 하차(30분 소요) / 문의: 에버라인 기흥역(031-329-3570), 경남여객(031-251-3721)

내비게이션 MBC드라미아(경기도 용인시 처인구 백암면 용천로 330, 031-337-3241), 에버랜드(경기도 용인시 처인구 포곡읍 에버랜드로 199, 031-320-5000), 경기도박물관(경기도 용인시 기흥구 상갈로 6, 031-288-5300)

어디서 묵을까 용인자연휴양림(031-336-0040)은 서울에서 1시간 거리에 있다. 멀리 가지 않아도 숲속의 오두막집에서 하룻밤을 보낼 수 있어 주말 예약 경쟁률이 높다. 숲속의 집과 잔디광장, 어린이 놀이 숲, 계곡 등 자연과 함께 어우러지는 공간이다.

무엇을 먹을까 백암순대는 용인시 백암면 백암오일장을 통해 오랫동안 전해진 전통 음식이다. 백암순대 맛집으로는 백암본가순대(031-334-9425)와 30년 전통의 제일식당(031-332-4608)이 있다. 좀 더 럭셔리하게 즐기고 싶다면 최고의 셰프들이 선보이는 철판요리의 정수를 맛볼 수 있는 곳으로 입소문 난 애나의정원(031-261-8192)을 찾아가 보자.

백암순대

문의: 용인시청 문화관광과(031-324-3044)

나주 영상테마파크

흔히 접할 수 없는 고구려 가옥과 성곽을 그대로 재현해 놓은
곳이다. 고구려 장군복을 입고 기념 촬영하거나 염색이나 도자기,
한지, 매듭 체험 등을 할 수 있다. 궁내성과 고구려체험관,
고구려궁, 태자궁이 볼만하다.

문의: 나주 영상테마파크(061-335-7008)

그밖의 대표적인 사극 세트장 여행지

용인 한국민속촌

각 지방에 남아 있는 조선
시대 실물 가옥들을 옮겨와
지은 조선 촌락이다. 처음부터
사극 촬영을 위해 조성된
곳은 아니지만, 최고의
전통문화테마파크로 자리
잡았다. 우리나라에서 조선
시대 사극을 가장 많이 촬영한
곳이다. 최근에는 공연, 행사,
체험 등 관객 참여 프로그램이
더욱 확대되있다.

문의: 한국민속촌(031-288-0000)

부여 서동요테마파크

역사상 가장 드라마틱한 인생을 살았던 백제 30대 임금 무왕의
이야기를 다룬 드라마 〈서동요〉의 공식 세트장이다. 서동과
선화공주의 설화를 바탕으로 백제의 왕위 계승 투쟁, 국경을 넘은
러브 스토리를 다루었다. 귀족 집, 왕궁 마을, 백제 왕궁, 신라
왕궁과 왕비 처소 등 고증을 거친 삼국 시대 건물들이 있다.

문의: 서동요테마파크(041-832-9913)

오픈 드라마 세트장 ↑

추억 가득한 70년대 거리 ↓

서울 달동네 모습이 재현된 곳
순천 드라마세트장

근·현대사 촬영은 이곳, 순천 드라마세트장에서

생태 관광지로 잘 알려진 순천에 근·현대를 재현한 드라마 세트장이 있다. 이곳에서 영화 〈허삼관〉, 〈강남 1970〉과 드라마 〈자이언트〉, 〈제빵왕 김탁구〉, 〈빛과 그림자〉 등을 촬영했다. 대부분의 촬영 세트장이 그렇듯 이곳도 넓은 부지 위에 그늘이 없어 햇빛을 가릴 물건을 준비해야 한다. 선글라스는 기본이고, 자외선을 막을 수 있는 양산 또는 모자까지 준비해야 세트장을 활보할 수 있다.

세트장은 1950년대 후반부터 60년대 순천읍, 70년대 서울 달동네와 변두리의 모습을 재현해 놓았다. '그때 그 시절을 아십니까?' 콘셉트에 맞춰 입구부터 남다르다. 1980년대 컬러 텔레비전을 모티브로 한 아날로그 TV가 정겹다. 그 속으로 발을 디디면 타임머신을 탄 것처럼 50년 전 그때로 순간 이동한다.

세트장 탐방은 순천읍의 옛 모습을 재현한 곳에서 출발한다. 순천 시내를 흐르는 옥천과 읍내 거리 등을 고증을 통해 재현했다. 곳곳에 적산가옥이 눈에 띈다. 지금은 두메산골에서도 보기 힘든 나무 전봇대도 수월찮게 찾아볼 수 있다. 2층짜리 순천소방서 건물 앞에는 박물관에나 있을 법한 소방차가 자리하고 있다. 자전거상회에서는 MTB나 도시형 자전거를 찾아볼 수 없다. 그저 막걸리 말통이나 싣고 다닐 법한 화물 자전거가 전부다. 불과 30년 전까지만 해도 서울 동대문 상가에서 쉽게 볼 수 있었는데, 이제는 추억이 된 물건이다.

달과 가장 가까운 곳에 있어야 하기에 서울 달동네 세트장은
언덕배기에 터를 잡았다. 힘겨웠던 1960년대의 모습이
아이들에게는 낯선 모습으로,
어른들에게는 추억의 공간으로 다가온다.

희망의 종소리가 울려 퍼지는 달동네
'외상 절대 사절!' 팻말 아래에서 국자에 설
탕을 붓고 약한 불에 지글지글 끓인다. 적
당히 힘 조절을 해가며 나무젓가락으로 휘
휘 저어주면 설탕이 말랑말랑한 치즈처럼
녹아내린다. 이윽고 녹은 설탕을 판에 쏟
아붓고, 모양 틀로 꾸우욱 눌러준다. 침을
묻혀가며 그림 윤곽에 옷핀으로 조심스럽

낯익은 골목길 풍경

게 구멍을 내 그림을 떼어낸다. 부서지지 않고 온전한 모양을 갖추고 있으면 금메달이
라도 딴 듯 기분이 우쭐해진다. 교복대여점에서 옷을 빌려 입은 관람객들이 여고생처럼
세트장을 활보한다. 주인공이라도 된 듯 걸음걸이며 사진 찍는 포즈가 남다르다.
하정우, 하지원 주연의 영화 〈허삼관〉 세트장에는 유독 사람들이 많다. 영화를 본 사람
들은 낯익은 풍경이어서 그런지 친구 집에 온 듯 자연스럽다.
서울 달동네 세트장은 1960년대 달동네 모습을 옮겨 놓았다. 달과 가장 가까운 곳에 있
어야 하기에 언덕배기에 터를 잡았다. 집들이 다닥다닥 붙어 있어 야간에 불이 켜지면
아파트처럼 보일 듯하다. 도시 아파트에서 나고 자란 아이들에게는 생경한 모습이지만
어른들에게는 추억의 공간이다. 드라마 〈사랑과 야망〉과 〈자이언트〉에 등장했던 집들
도 그대로 남아 있다. 주인공처럼 사진을 찍겠다며 관람객들이 줄을 서서 기다린다. 가
장 높은 곳에는 교회당이 자리한다. 세트장 저편에서 종소리가 울린다. 관람객들이 교
회당 종을 친 모양이다. 힘들고 무거운 짐을 지고 살아가는 사람에게 교회당 종소리는
희망의 메시지처럼 들릴지도 모른다.

순천 이곳저곳 누비기
요새처럼 견고한 지형에 자리 잡은 낙안읍성은 대한민국 3대 읍성 중 하나로 세계문화
유산 잠정 목록에 등재되었다. 한양을 모델 삼아 만든 조선 시대 계획도시로서, '풍요로
운 땅에서 만백성이 평안하다'는 뜻의 '낙안(樂安)'이라는 이름이 붙었다. 초가지붕의 운
치 있는 모습이 인상적이어서 꽃피는 봄날과 감 여무는 가을날에 많은 사람이 찾아온
다. 세트장이 아니라 실제로 주민들이 거주하는 곳이기에 따뜻한 온기가 있다. 돌담을
따라 걷다 보면 텃밭을 일구는 마을 주민과 널어놓은 이불 빨래가 정겹다. 원형이 잘 보

낙안읍성

순천만자연생태공원

존된 성곽, 객사와 관아 건물, 소담스러운 초가, 고즈넉한 돌담길에 이르기까지 정겨운 조선 시대 마을 그 자체다. 주말에 찾으면 수문장 교대식, 가야금 병창 공연, 소달구지 체험을 섭렵할 수 있다.

'세계 5대 연안 습지', 그리고 '한국관광공사 최우수 자연경관'에 선정된 순천만자연생 태공원은 5.4㎢(160만 평)에 이르는 갈대밭과 끝이 보이지 않는 22.6㎢(690만 평)의 광활한 갯벌로 이루어진 천혜의 자연경관이다. 덕분에 풍경 사진을 즐겨 찍는 사람들에게 순천 만은 최고의 출사지로 손꼽힌다. 특히 순천만의 S라인과 그 사이를 가르는 유람선, 그리고 일몰의 붉은빛까지 더해지면 최고의 작품을 남길 수 있다. 이곳에서는 갈대로 차를 만드는데 숙취 해소에 좋다. 보리 새순차와 맛이 비슷하다. 갈대 뿌리는 노근(蘆根)이라 하여 한약재로 쓰이는데, 중금속 해독에 효과가 있다.

info.

대중교통 센트럴시티터미널-순천종합버스터미널(3시간 50분 소요), 종합버스터미널 정류장에서 77번 버스 승차 후 드라마촬영장 정류장 하차(34분 소요) / 문의: 센트럴시티터미널(02-6282-0114), 순천종합버스터미널(1666-6563)

내비게이션 순천오픈세트장(전라남도 순천시 비례골길 24, 061-749-4003), 낙안읍성(전라남도 순천시 낙안면 충민길 30 관사, 061-749-8831), 순천만자연생태공원(전라남도 순천시 순천만길 513-25, 061-749-6052)

어디서 묵을까 순천 낙안읍성에서 한옥 민박이 가능하다. 이방집(010-3627-6632), 은행나무집(061-754-3032), 처갓집(061-754-2968)은 저마다 이름이 시골스러워 정감이 간다. 객실 내 취사는 금지되어 있다. 한옥에서 묵으면 아침에 일어나 호젓하게 마을을 산책할 수 있어 좋다.

무엇을 먹을까 순천장어는 입맛에 따라 소금구이나 양념구이를 선택할 수 있다. 간단하게 즐기고 싶다면 장어탕도 괜찮다. 산골식당(061-722-9266)은 장어구이를 먹고 공깃밥을 시키면 장어탕을 서비스로 준다.

문의: 순천역관광안내소(061-749-3107)

장어구이

그밖의 대표적인 근·현대 드라마 세트장 여행지

합천 영상테마파크

1920~1980년의 근현대를 배경으로 만든 오픈 세트장이다. 드라마 〈각시탈〉, 〈에덴의 동쪽〉, 〈경성스캔들〉, 영화 〈써니〉, 〈태극기휘날리며〉와 등 67편의 영화, 드라마와 다수의 뮤직비디오가 촬영된 전국 최고의 촬영 세트장이다. 대한일보 방송체험실에서는 아나운서, 더빙, 기상캐스터 체험이 진행된다. 드라큘라 백작 집에 있는 고스트파크존에서는 담력 훈련에 도전해볼 수 있다. 의상체험실은 다양한 직업 의상을 직접 착용하고 사진을 찍을 수 있어 사람들이 많이 찾는다.

문의: 합천 영상테마파크(055-930-3751)

남양주 종합촬영소

약 40만 평 부지에 영화 촬영용 야외 세트와 6개의 실내 촬영 스튜디오, 녹음실, 각종 제작 장비 등을 갖춘 아시아 최대 규모의 영화 제작 시설이다. 〈서편제〉, 〈쉬리〉, 〈공동경비구역 JSA〉, 〈실미도〉, 〈태극기 휘날리며〉, 〈취화선〉 등 한국 영화 대표작들이 이곳에서 탄생했다. 야외 세트장은 물론 영화 제작 과정을 볼 수 있는 영화문화관, 영상체험실, 의상실, 소품실 등 들러볼 곳이 많다. 매일 한 편씩 한국 영화가 무료 상영된다.

문의: 남양주 종합촬영소(031-579-0600)

통영 해안 드라이브
VS
제천 호반 드라이브

자가용은 여행에서 빼놓을 수 없는 필수 아이템이다. 여행 중 드라이브의
묘미를 즐기려는 사람들도 많다. 심지어 드라이브가 여행의 목적이
되기도 한다. 통영 해안 드라이브는 황금도시 '엘도라도'의 하늘을
맴도는 콘도르처럼 금빛의 노을을 감상하기 좋고, 제천 호반
드라이브는 흩날리는 꽃비의 서정에 빠져 봄을 만끽하기에 그만이다.
구불구불한 도로는 운전하는 손맛까지 덤으로 챙겨준다.

해안 드라이브↑

호반 드라이브↓

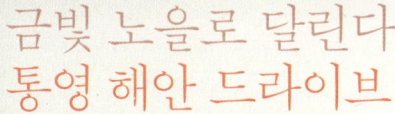

금빛 노을로 달린다
통영 해안 드라이브

끊어질 듯 이어지는 풍화일주도로

풍화일주도로는 통영 산양읍 풍화리를 순환하는 7km의 해안 도로로 갯마을 풍경과 바다 경치가 빼어나다. 통영대교를 거쳐 산양일주도로를 타고 가다가 미수동을 지나면 오른쪽에 '풍화'라고 쓰인 이정표를 만나게 된다. 여기서부터 본격적으로 풍화일주도로가 시작된다. 통영대교에서 약 3km 떨어진 지점이다.

차를 몰고 이 길을 달리다 보면 자그마한 포구 마을을 여럿 지난다. 도심에서 보지 못한 소소한 어촌 풍경에 마음이 끌린다. 그중 양화마을과 향촌마을은 굴 양식을 하는 곳이다. 바다 가운데 떠 있는 듯한 동섬에는 학이 서식한다. 마을과 가깝긴 해도 사람들의 간섭이 없어서다. 함박마을의 연륙교를 지나면 바둑판처럼 구획된 바다가 나타난다. 질서 정연하게 각(角)을 세운 구조물은 경상남도가 운영하는 치어 배양장이다. 여기서 알을 부화시켜 치어를 얻은 뒤 바다에 풀어준다. 명지마을에선 낚시 체험이 가능하다. 낚싯배를 빌려 인근 바다로 나가서 낚시를 즐기는 것도 좋다.

서부새마을회관을 지나면 도로는 이내 산으로 향한다. 끊어질 듯 이어지는 풍화일주도로의 매력은 이렇듯 다양하다. 산을 넘으면 해란마을이다. 월명도와 오비도가 손에 잡힐 듯 가깝다. 이 동네는 가파른 산 중턱에 자리해 도로가 겨우 놓인 형국이다. 길가는 집 한 채가 겨우 들어설 정도로 좁다. 그러다 보니 집 뒤편의 산등성이 밭은 곧추선 듯 가파르다. 밭에서 돌멩이를 굴리면 바다까지 직행할 판이다. 장촌과 남촌은 최신식 선외기(船外機) 보트를 앞세워 낚시꾼을 유혹한다.

꿈길 같은 60리, 산양일주도로

산양일주도로는 동백나무가 많아 '동백로'라 부르기도 하고, 일몰이 아름다워 '꿈길 60리'라 부르기도 하는 멋진 경관도로다. 통영대교를 건넌 후, 좌회전해 미수해안로를 따라 달린다. 이내 정면에 해저터널이 나타난다. 일제가 건설한 것으로, 동양 최초의 해저 구조물이다. 더 달리면 방파제 끄트머리로 금호통영마리나리조트가 보인다. 이 주변에는 산책로가 특히 잘 되어 있다.

리조트를 지나면 한동안 산길이 이어진다. 그러다 국립수산과학원에 이르러서야 해안을 만난다. 산양일주도로는 이렇듯 바다와 산을 두루 섭렵한다. 그래서 드라이브가 더더욱 즐겁다. 산길은 가파른 경사와 내리막 그리고 커브가 쉼 없다. 자동차 경주 트랙을 달리는 듯한 느낌이다. 해 그림자가 길어질 즈음이라면 달아공원으로 달린다. 통영에서 가장 멋진 일몰이 기다리고 있다.

연명마을 폐교는 연명예술촌으로 간판을 바꿔 달았다. 통영의 화가들이 창작 활동을 벌이는 공간이다. 멋진 바다와 섬들이 두루 어우러진 통영에서 살다 보면 너나 할 것 없이 감성 충만한 작가가 될 것만 같다. 중화마을과 원항마을을 벗어나면 풍화일주도로를 만나게 된다. 산양일주도로와 풍화일주도로를 이어 달리면 통영의 미륵도를 완전히 정복한 셈이다.

통영 이곳저곳 누비기

이순신 장군이 이끈 한산대첩의 배경이 바로 통영 앞바다이다. 임진왜란 3대 대첩 중 하나이며, 학익진으로 일본 수군을 전멸시켰던 역사의 현장이다. 한산도로 가는 길은 수월하다. 매시 정각에 통영항여객선터미널에서 배가 출항한다. 한산 앞바다를 지키고 있는

저 멀리 보이는 통영 앞바다

거북등대를 지나면 제승당선착장이 보인다. 제승당은 임진왜란 당시 통제사로 있던 이순신 장군이 삼도 수군을 지휘하던 곳이다. 학교에서 배웠던 '한산섬 달 밝은 밤에 수루에 홀로 앉아 / 긴 칼 옆에 차고 깊은 시름 하는 차에 / 어디서 일성호가는 남의 애를 끊나니'라는 시구가 떠오른다. 수루에 올라 바다를 바라보면 왜구와의 결전을 앞두고 고뇌하던 장군의 마음이 느껴진다.

동양 최초의 해저터널

이순신공원

한산도

명장 이순신 장군을 좀 더 기리고 싶다면 이순신공원으로 가보자. 관광객들은 동피랑마을과 남망산조각공원만 돌아보고 가지만 통영 시민들은 이순신공원을 더 아낀다. 먼바다를 향하여 진두지휘하는 이순신 장군의 동상이 공원 높은 곳에 서 있다. 이곳의 하이라이트는 시원하게 탁 트인 전망이다. 가슴이 뻥 뚫릴 만큼 시원한 바다 풍경이 펼쳐진다. 해안 산책로와 어우러진 수변 공원이어서 항구에서 보는 것과는 다른 느낌이다. 걷기 좋은 데크 외에도 정자와 잔디광장, 꽃밭 등이 갖춰져 있어서 가족 나들이 장소로 최적이다. 오후에 방문하면 은빛으로 반짝이는 푸른 바다가 낭만적인 분위기를 더한다.

info.

대중교통 서울고속버스터미널-통영종합버스터미널(4시간 10분 소요), 시외버스터미널 정류장에서 530번 버스 승차 후 달아공원 정류장 하차(1시간 4분 소요) / 문의: 서울고속버스터미널(1688-4700), 통영종합버스터미널(1688-0017)

내비게이션 서부새마을회관(경상남도 통영시 산양읍 풍화리), 달아공원(경상남도 통영시 산양읍 산양일주로 1115, 055-650-4681), 통영항여객선터미널(경상남도 통영시 통영해안로 234, 1666-0960), 이순신공원(경상남도 통영시 멘데해안길 205, 055-642-4737)

어디서 묵을까 마리조아펜션(010-8806-5080)은 통영 바다를 내려다볼 수 있는 언덕에 있다. 주인장이 말을 정말 좋아해 2마리를 키운다. 기회가 된다면 승마 체험도 할 수 있다. 아이요트펜션(070-7013-6537)은 요트를 테마로 만든 펜션이다. 여행자들의 로망인 요트 내부에는 침실과 거실 등이 불편함 없게 꾸며져 있다. 객실에서 바로 바다를 향해 낚싯줄을 드리울 수 있다는 게 최고의 장점이다.

무엇을 먹을까 통영굴해물밥상식당(055-648-4833)은 통영의 명물 굴요리를 한 상 가득 내놓는다. 음식을 기다리는 동안 창밖으로 보이는 코발트빛 바다는 허기를 잊을 만큼 아름다운 풍경이다. 생굴, 굴탕수육, 굴초밥 등 다양한 굴요리가 차례대로 나온다. 바다에서 바로 공수한 듯 굴이 싱싱하고 탱글하다.

문의: 통영관광안내소(055-650-4680~1)

해물밥상

울릉도 해안도로

태곳적 원시의 모습을 그대로 간직한 울릉도. 해안선을 따라 섬을
일주하는 도로가 있어 최고의 절경을 감상할 수 있다. 거북이를
닮은 바위가 바다를 향해 돌진하는 통구미마을을 지나면 한국 10대
비경에 뽑힌 태하해안절벽을 만난다. 뾰족한 송곳봉에 이르면 저
멀리 코끼리를 닮은 공암이 손짓한다. 바다에 떠 있는 이스터 섬의
모아이 석상을 빼닮은 삼선암을 지나 관음도에서 일정을 마친다.
문의: 울릉군청 문화관광체육과(054-790-6393)

그밖의 대표적인
해안 드라이브
여행지

강화 낙조 드라이브

강화도 갯벌 일대는 갈대밭, 광활한 갯벌이 어우러져 환상적인
드라이브 코스를 선사한다. 섬 속의 섬인 동검도에서 출발한
드라이브는 이건창 생가를 거쳐, 마니산 전망대에 잠시 들른다.
강화도 유일의 해수욕장 동막해변을 거닐다보면 강화도 제일의
낙조 감상지로 알려진 장화리 낙조마을에 도착한다. 이곳에서
일몰을 맞았다면 당신은 최고의 행운을 거머쥔 것이다.
문의: 강화군청 문화관광과(032-930-3561~3)

강릉 헌화로

신라의 향가, 헌화가의 사랑
노래가 전해지는 곳이다.
한 노인이 수로부인의
아름다움에 빠져 몰고 가던
소를 내버려두고 깎아지른
절벽에 올라 꽃을 꺾어 바쳤다.
나이와 조건, 환경을 뛰어넘은
러브 스토리이다. 심곡항과
금진항 사이 2.4km 구간은
짧은 거리지만 굽이도는
길마다 풍광에 사로잡혀 차를
멈추게 된다. 방파제를 사이에
두고 강하게 부딪치는 파도의
물거품과 유려한 곡선도로가
만난다.

문의: 강릉시종합관광안내소
(033-640-4414, 4531)

푸른 바람에 달빛이 아스라이
제천 호반 드라이브

제천 청풍호는 호반 드라이브의 명소

어디서 누가 부르느냐에 따라 이름이 바뀌는 호수가 있다. 제천에서는 청풍호, 충주에
서는 충주호, 단양에서는 단양호라 부르는 호수가 그 주인공이다. 충주시는 1985년 충
주시 종민동과 동량면 사이의 계곡을 막아서 댐을 조성했으니 당연히 충주호라 불러야
한다고 주장한다. 제천시는 충주댐 건설로 수몰 면적이 가장 많은 곳이 제천이라며, 청
풍호가 옳다고 한다. 뒤늦게 합세한 단양군은 단양에 수중보가 건설되어 새로 태어났
으니 단양호로 바꿔 불러야 한다고 목소리를 높인다.

이름이 무엇이든 무슨 상관이겠는가. 어느 지역이든 호반을 중심으로 빼어난 풍경을 자
랑하고 있으니 드라이브를 즐기기에 이보다 좋은 곳은 없다. 특히 제천 쪽 호반은 봄철
에 새하얀 벚꽃이 만발해 몽환적인 분위기를 연출한다. 흩날리는 꽃잎이 차량 안으로
날아들면 봄노래를 절로 흥얼거리게 되니, 다시없는 봄나들이 명소라 할 수 있다. 샛노

란 개나리와 새색시 볼을 닮은 진달래까지 합세하면 물빛이 더욱 고와진다. 해가 저물고 밤이 찾아오면 벚나무 아래 조명을 밝힌다. 호수에 휘영청 밝은 달이라도 뜨면 '청풍명월(淸風明月)'이란 말이 어울릴 만큼 빼어난 풍광에 절로 감탄이 터진다. 제천시는 82번 지방도에 속한 금성면 청풍호 입구에서 청풍면 소재지까지 약 13km 구간에서, 1997년부터 매년 4월에 청풍호벚꽃축제를 개최한다.

정중동의 화려한 조화를 맛보다

제천은 호수를 따라 볼거리와 체험거리가 굴비처럼 줄줄이 엮였다. 그중 청풍랜드와 청풍문화재단지가 대표적이다. 청풍랜드가 동(動)적이라면 청풍문화재단지는 정(靜)적이다. 아니 산책도 할 수 있으니 정과 동을 겸했다.

청풍문화재단지는 충주댐 건설로 인해 청풍호 주변 마을이 수몰 위기에 처하자 1983년부터 3년간 이 지역의 문화재를 모아 원형대로 조성한 단지다. 청풍호와 조화를 이뤄 원래 있던 마을처럼 자연스럽다. 구불구불 이어진 산책로를 따라 걷다 보면 고려 시대 누각인 한벽루(보물 제528호)와 조선 시대 유산인 금남루, 응청각을 만날 수 있다. 하트 모양을 닮은 소나무와 S라인 벚나무, 하늘을 떠받친 손 모양의 소나무 등 특이한 나무가 많다. 청풍호 한가운데 수경분수가 시원하게 물을 내뿜고, 청풍대교 주변으로 유람선이 물을 가르며 미끄러져 간다. 봄에는 철쭉이 만개해 울긋불긋하고, 가을에는 형형색색의 단풍이 청풍호에 담겨 비단결처럼 곱다. 산자수려한 청풍의 빼어난 절경을 한눈에 담을 수 있어 사진들도 즐겨 찾는 명소다.

청풍랜드는 익사이팅한 즐거움이 있다. 62m에 달하는 번지점프대에서는 유쾌한 비명이 끊이질 않는다. 시속 120km로 하늘로 날아오르는 이젝션시트(Ejection Seat)에 오르면 팽팽하게 당겨진 활시위에 올라탄 것처럼 간담이 서늘하고, 가슴이 조마조마하다. 발사와 함께 쏜살같이 날아오르면 스트레스가 저 멀리 날아간다. 3명이 한 조가 되어 슈퍼맨처럼 날아가는 빅스윙과 왕복 1.4km에 달하는 케이블코스터는 호수 위를 나는 듯한 짜릿한 쾌감을 선사한다.

제천 이곳저곳 누비기

의림지는 제천을 대표하는 제1경이다. 삼한 시대에 조성된 김제 벽골제, 밀양 수산제와 더불어 가장 오래된 저수지이다. 신라의 악성 우륵이 용두산 자락에서 흐르는 개울물을

제천 호반 드라이브길 야경

산수 유람이 가능한 청풍대교 앞

고즈넉한 분위기의 청풍문화재단지

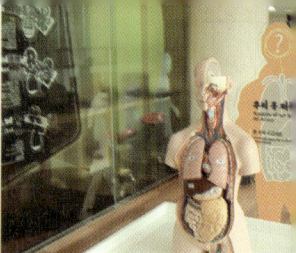

제천 의림지 　　　　　　　제천 의림지 산책로 　　　　　명암산채건강마을

막아 둑을 만들었다고 전한다. 지금은 시민들의 휴식처로 제 역할을 하고 있다. 거울처
럼 잔잔한 호수 위로 오리배가 떠다니고, 울창한 산림이 호수 주변을 에두른다. 2km 남
짓 되는 호반 둘레를 걷노라면 순조 7년에 세워진 영호정과 1948년에 건립된 경호루를
만날 수 있다. 수백 살이 넘는 아름드리 소나무와 연초록 줄기를 늘어뜨린 수양버들이
멋진 풍광 속에 어우러진다. 가야금의 대가, 우륵 선생이 말년에 가야금을 타던 우륵대
가 남아 있다.

제천은 조선 시대에 대구, 전주와 함께 3대 약령시장이 있던 고장이다. 지금은 한방바이
오박람회가 열리는 한방특화도시로 거듭나고 있다. 그중 명암산채건강마을에서는 한
의원과 산채, 약초음식 체험, 찜질방, 펜션을 운영하고 있다. 공기 좋은 곳에서 하룻밤
묵으면서 건강을 체크하고, 몸에 좋은 음식을 먹는다는 콘셉트이다. 특히 마을 내에 있
는 한방명의촌은 한방진료관, 탕제실, 좌훈실, 기수련실 등 전문적인 건강 시설을 갖추
고 있다. 전문의가 상주하고 있어 한방 진료는 물론 자연요법과 약선음식을 이용한 당
뇨와 비만 등 성인병 치료를 받을 수 있다. 면역력 회복을 위한 건강 기 수련 체험과 한
방 마사지 코스도 운영한다.

info.

대중교통 서울고속버스터미널-제천고속버스터미널(2시간 소요), 시외버스터미널·우리은행 정류장에서 950번
버스 승차 후 청풍문화재단지 정류장 하차(1시간 16분 소요) / 문의: 서울고속버스터미널(1688-4700),
제천고속버스터미널(043-648-3182)

내비게이션 청풍문화재단지(충청북도 제천시 청풍면 청풍호로 2048, 043-641-5532), 의림지(충청북도 제천시 모산동
241, 043-651-7101), 한방명의촌(충청북도 제천시 봉양읍 명암리 산4, 043-653-7730)

어디서
묵을까 명암산채건강마을(043-653-7730) 내에 펜션이 있다. 건강 증진을 고려해 돌, 나무, 황토 등으로 만든
숙소이다. 11, 16, 21평 중에서 선택할 수 있다. 베니키아호텔청풍(043-640-7000)은 청풍호가 바로
내려다보이는 탁 트인 전망이 일품이다. 호텔에서 호수 주변까지 산책로가 연결되어 있다.

무엇을
먹을까 월악산유스호스텔 옆에 자리한 명산아래어가(043-651-1944)는 어부가
운영하는 집이다. 자연산 민물요리 전문 식당으로 청풍호에서 직접 잡은
쏘가리, 메기, 붕어로 매운탕을 끓여 낸다. 제천한우마을(043-642-1107)은
정육 코너를 운영하고 있어 질 좋은 한우를 저렴하게 먹을 수 있다.

문의: 제천시청 관광안내 콜센터(043-641-6731~3)

그밖의 대표적인 호반 드라이브 여행지

북한강변 드라이브

북한강 드라이브길은 팔당호에서 시작한다. 팔당호 전망대에 들러 시원한 전망을 감상한다. 양평 두물머리는 남한강과 북한강이 만나는 지점으로 들러볼 만하다. 인근 세미원을 지나 45번 국도를 타고 가평 쪽으로 방향을 돌린다. 봄에는 울창한 벚꽃이, 가을에는 알록달록 단풍이 아름다운 수변길이다. 아침 일찍 출발하면 신비로운 물안개를 볼 수 있다.

문의: 경기도 수자원본부(031-8008-6920)

진양호 드라이브

진양호는 봄철에 가면 새하얀 벚꽃이 눈송이처럼 날리는 곳이다. 고즈넉한 호수를 끼고 전망대와 산책로, 호텔, 동물원 등 다양한 시설이 갖추어져 있다. 특히 진양호를 둘러싼 산이 호수에 비쳐 데칼코마니처럼 보이는 절경을 볼 수 있는 진양호전망대를 놓치지 말자.

문의: 진양호공원(055-749-2510)

안동호 드라이브

안동호 일대에 멋진 절경이 넘친다. 먼저 안동역을 지나서 월영교에 잠시 차를 세워보자. '달그림자가 비치는 다리'라는 뜻을 가진 이곳은 국내에서 가장 긴 목책 인도교이다. 밤에 야경이 압권이다. 월영교를 지나 안동문화관광단지 쪽으로 가면 유교랜드, 온뜨레피움 등 볼거리가 많다. 왼쪽으로 계속 가면 안동루가 나오고 수자원공사가 있다.

문의: 한국수자원공사 안동권관리단(054-850-4203)

가평 아침고요수목원
VS
포천 국립수목원

여행의 목적은 쉼이다. 나아가 힐링이다. 떠나는 것 자체가 쉼이고
힐링이겠지만 '어느 곳으로 가느냐'도 중요하다. 맑은 공기를
마시는 것, 인공 색소 전혀 없는 100% 천연색을 바라보는 것 자체가
도시인들에게는 휴식이다. 수목원은 휴식의 모든 조건을 갖췄다. 그곳이
사설이든 국·공립이든 관계없다. 다만 입장료가 비싸냐, 그렇지 않냐의
차이만 있을 뿐. 여행자가 받을 선물은 절대 다르지 않다.

아침고요수목원 ↑

국립수목원 ↓

고요한 수목원의 숨소리 들어봤니?
가평 아침고요수목원

곳곳에서 느껴지는 창조주의 손길

아침고요수목원, 이름만 들어도 마음이 편안해진다. 산세가 깊고 녹음이 짙은 축령산 자락에 자리했다. 면적은 10만여 평이다. 매표소를 지나면 코끝으로 전해지는 숲 내음 이 예사롭지 않다. 입구 오른편에 있는 아담한 초가와 장독대가 향수를 자극한다. 시골 의 정겨움에 이끌려 초가 툇마루에 걸터앉게 되는데, 이곳을 '고향집정원'이라 부른다. 주변에 철쭉, 영산홍, 튤립, 찔레꽃, 양지꽃, 골무꽃이 자연의 시간표에 따라 앞서거니 뒤서거니 피어난다.

수목원의 역사를 확인할 수 있는 역사관도 가까이 있다. 수목원은 1996년 미완성 상태 로 문을 연 뒤, 10여 년의 세월이 지나면서 지금처럼 안정적인 모습으로 거듭났다. 현재 자생 식물 2천여 종과 외래 식물 3천여 종이 뿌리내리고 있으며, 20여 개의 정원으로 구 성되어 있다. 허브 정원은 고향집정원 위에 자리한 아담한 정원으로, 이곳에 들어서면 허브향 때문에 머리가 맑아지는 기분이 든다. 키 작은 허브지만 그 향기만큼은 심신의 피로를 풀어주기에 전혀 부족함이 없다. 손으로 직접 만져볼 수도 있어 호기심 많은 아

이들이 오감만족 체험을 할 수 있다.

야생화정원과 무궁화동산에서는 우리나라 자생 야생화 1천여 종이 꽃을 피운다. 백두산에서 자생하는 희귀한 야생화 300여 종과 모란 40여 종도 놓치지 말아야 한다. 앙증맞은 크기지만 고목의 포스가 느껴지는 분재정원도 있다. 이곳에는 어르신 관람객들이 유독 많다. 세월의 격랑을 이겨낸 분재는 창조주가 빚은 작품답게 고고함마저 느껴진다.

몸과 마음이 치유되고 감사가 넘치다

하나님이 인간에게 허락한 낙원에서 이름을 따온 에덴동산은 비밀의 정원처럼 은밀하다. 봄에는 튤립이 꽃망울을 터트리고, 늦은 봄부터 가을까지는 100여 종에 이르는 장미가 매혹적인 향을 뿜어낸다. 작약, 노랑원추리꽃도 탐스럽다. 에덴동산을 뒤로하고 숲길로 접어들면 쭉쭉 뻗은 잣나무를 마주한다. 가평은 우리나라 최대의 잣 생산지로 그런 만큼 수목원에도 잣나무가 많다. 잣나무가 발산하는 피톤치드가 건강까지 챙겨준다.

석정원에서는 돌과 고산 식물이 어우러져 무한한 자연의 생명력을 느낄 수 있다. 특히,

←── 숲에 둘러싸여 아늑해 보이는 한옥

숲과 꽃을 가리키는 이정표

하경정원은 수목원을 대표하는 곳으로 반드시 걸어봐야 할 코스다. 하경 전망대에서 내려다보면 그 길이 한반도 지형을 닮아 있어 유명하다. 튤립, 백일홍, 국화 등 계절별로 다양한 꽃들이 핀다. 한국 정원의 자연미를 강조한 서화연과 정자도 챙겨보자.

수목원의 메인 코스는 하늘길부터 달빛정원까지다. 오솔길 끝자락에 유럽의 그림엽서에서 본 듯한 풍경이 기다린다. 화사한 꽃길 막다른 곳에 작은 교회가 있는데, 보는 것만으로도 마음에 평안함이 깃든다.

겨울에는 수목원이 색다른 모습으로 변한다. 매년 12월부터 이듬해 3월까지 오색별빛정원전이 열리는데, 오색찬란한 빛으로 가득한 수목원은 꿈처럼 화려하고 동화처럼 아름답다. 점등시간은 오후 5시 20분이다. 화려한 조명을 배경으로 사진을 찍는 탐방객들로 겨울에도 열기가 후끈하다.

가평 이곳저곳 누비기

쁘띠프랑스는 전지현, 김수현이 주연한 드라마 〈별에서 온 그대〉가 방영된 뒤, 더욱 인기를 얻었다. 소설 《어린 왕자》와 프랑스 마을을 테마로 한 숲속에 그림처럼 꾸며진 복합문화공간이다. 입구에 들어서는 순간 동화의 나라에 들어온 듯 설레인다. 이국적인 건물 내부로 들어가면 《어린 왕자》를 탄생시킨 작가 생텍쥐페리의 작품과 일생을 만날 수 있다. 단 한편의 작품으로 전 세계 어린이는 물론 어른들에게도 꿈과 희망을 일깨운 작가의 위대한 힘에 놀라지 않을 수 없다. 시즌에 따라서 야간에도 개장한다. 저녁에 조명이 켜지면 낮과는 사뭇 다른 풍경이 펼쳐진다. 〈별에서 온 그대〉 외에도 많은 드라마가 촬영되었다. 대표작으로 〈베토벤 바이러스〉, 〈시크릿 가든〉 등이 있다.

화려한 빛으로 수놓은 오색별빛정원 ↑

동화의 나라를 연상시키는 쁘띠프랑스 ↓

자연과 동화되는 캠핑의 묘미   자라섬오토캠핑장 이화원

가족과 함께하면 더 좋은 곳이 자라섬오토캠핑장이다. 우리나라 최고의 캠핑장이라고 해도 이견이 없을 것이다. 2008년 세계캠핑카라바닝대회를 겨냥해 개장했다. 시설 면에서는 선진국의 유명 캠핑장과 비교해도 뒤지지 않는다. 수도권에서 2시간이면 도착할 수 있어 접근성도 우수하다. 북한강변에 터를 잡아서 경치 또한 탁월하다. 특히 이른 아침 자라섬 주위로 피어오르는 물안개는 캠퍼들에게 무료로 선사하는 자연의 선물이다. 캠핑 사이트는 오토캠핑 사이트, 카라반 사이트, 카라반, 세 가지 타입이 있다. 400동 이상의 대단위 단지여서 극성수기 주말만 피한다면 예약하는데 큰 문제는 없다. 예약은 인터넷으로만 가능하다.

info.

대중교통 경춘선 상봉역-청평역(60분 소요), 청평역 1번 출구로 나와 청평터미널 정류장에서 31-17번 버스 승차 후 수목원 정류장 하차(38분 소요) / 문의: 경춘선 상봉역(1544-7788)

내비게이션 아침고요수목원(경기도 가평군 상면 행현리 산255, 1544-6703), 쁘띠프랑스(경기도 가평군 청평면 고성리 616, 031-584-8200), 자라섬(경기도 가평군 가평읍 자라섬로 60 자라섬안내소, 031-580-2700)

어디서 묵을까 남이섬 근처에 펜션이 많다. 포시즌펜션(031-581-2261)과 클럽피쉬리조트(02-555-1305)는 청평호수에서 5분 거리에 있어 걸어가서 수상 레포츠를 즐길 수 있다. 자동차로 5~10분이면 쁘띠프랑스와 아침고요수목원으로 이동할 수 있다.

무엇을 먹을까 인천집(031-581-5533)은 특별할 것 없는 일반적인 보리밥집이다. 큰 대접에 보리밥, 콩나물, 상추, 김 가루 등을 넣고 비벼 먹는데 소박한 맛이 좋다. 두부만두전골도 많이 먹는다. 모두 식당에서 직접 만들어 상에 낸다. 송원막국수(031-582-1408)는 허영만의 만화 《식객》에 등장한 맛집이다. 막국수를 뽑을 때 기계를 사용하지 않고 손으로 직접 뽑는다. 입소문 덕에 점심시간에 가면 줄을 서야 한다.

문의: 가평군청 문화관광(031-580-2114)

보리밥

용인 한택식물원

1970년대 초 식물원 하나 변변히 없었던 시절에 문을 열었다.
척박한 토양에도 굴하지 않고 자생 식물들을 보존한 결과 사설
식물원 중에서 국내 최대인 야생 식물원으로 성장했다. 현재 9천여
종의 식물과 35개의 주제원을 갖추고 있다. 가족생태체험여행을
통해 식물원을 더욱 생생하게 즐길 수 있다.
문의: 한택식물원(031-333-3558)

그밖의 대표적인
수목원 여행지

태안 천리포수목원

푸른 눈의 한국인, 민병갈(Car
Ferris Miller: 미국 출생)에 의해
설립된 곳으로, 그의 한국
사랑이 고스란히 남아 있다.
국내 최초 민간 수목원이면서
자생 식물은 물론 도입종까지
약 1만4천 종의 식물을
보유한 국내 최다 식물종
보유 수목원이다. 2000년
아시아에서 최초로 '세계의
아름다운 식물원'으로 인증
받았다.
문의: 천리포수목원
(041-672-9982)

제주 한림공원

10만여 평의 황무지
모래밭에서 한 사람의 개척
정신으로 시작된 곳이다.
지금은 연간 100만 명이 찾는
세계적인 관광 명소가 되었다.
아열대식물원, 야자수길,
제주석, 분재원 등 제주에서만
볼 수 있는 독특한 식생이
아름답다.
문의: 한림공원
(064-796-0001~4)

우리나라에 딱 한 곳뿐이다
포천 국립수목원

530년 숲의 역사를 간직한 곳

국립수목원에는 530년 숲의 역사가 고스란히 남아 있다. 조선 왕실은 제7대 왕 세조의 능을 보호하기 위해 인근 숲까지 보호구역으로 지정했다. 일제 강점기와 한국 전쟁의 화염조차도 숲을 침범하지 못했다. 1999년 우리나라 최초의 국립수목원으로 지정되기까지 사람의 손을 타지 않았다.

안내소에서 예약자 이름과 전화번호를 확인한 뒤 길을 따라 입장하면 된다. 봉선사천을 건너면 본격적인 수목원 탐방이 시작된다. 가장 먼저 어린이정원이 눈에 들어온다. 작은 연못과 어우러져 수목원의 축소판을 보는 것 같다. 오른쪽 길을 따라 걸어가면 덩굴식물원, 관상수원이 연이어 나오고, 수생식물원이 끝자락에 자리했다. 물가나 물속에서 자라는 수련과 노랑어리연꽃이 자태를 뽐낸다. 수변 가까이에 돌 발판이 설치되어 있어 수생 식물을 관찰하기 좋다. 수목을 직접 만져볼 수 있는 '손으로 보는 식물원'과 관목원을 지나 난대식물온실과 산림박물관까지 돌아보면 수목원 서쪽 구역은 알차게 돌아본 셈이다. 프랑스 루브르박물관처럼 생긴 피라미드 모양의 유리 온실의 주인은 난대식물이다. 우리나라 남해안에서 자생하는 유자나무, 돈나무 등 상록활엽수를 볼 수 있다. 외국종으로는 커피나무가 인기다. 식충 식물로 알려진 자란, 새우란 등은 아이들의 관심을 넘치게 받는다.

명품수목원임에 분명한 국립수목원 →

한적한 숲길은
물소리, 바람소리
풍경소리가 어우러져
치유를 위한
안식처가 된다.

숲과의 소통, 나를 치유하는 시간

사색에 잠기고 싶다면 소리정원과 비밀의 뜰을 추천한
다. 소리정원은 주변에 산새들이 좋아하는 먹이 식물
과 단풍나무류, 버드나무류 등이 식재되어 새들의 안
식처와 같다. 비밀의 뜰은 회양목으로 둘러싸인 아늑
한 공간으로 상념의 찌꺼기를 내려놓기 좋다.
수목원에는 백두산을 주름잡던 호랑이와 하늘의 제왕
독수리도 있다. 호랑이를 보러 가려면 경사진 산책로
를 1km 남짓 걸어가야 한다. 길목에 전나무, 참나무,

자연을 배우는 아이들

잣나무, 독일가문비나무, 구상나무, 측백나무 등이 빼곡하게 들어서 공기가 남다르다.
수목원의 속살을 보고 느끼고 싶다면 에코트레일코스(숲생태관찰로)를 걸어보자. 목재
로 된 산책로가 조성되어 있어 걷기도 좋고 휴식 공간으로도 충분하다. 자연을 거스르
지 않아 걷는 동안 숲의 치유를 경험한다. 코스를 돌아 나오면 육림호가 기다리고 있다.
잔잔한 수면에 비친 산 그림자가 그윽한 풍광을 만들어낸다. 호수를 한 바퀴 돌아본 뒤
카페에서 시원한 음료를 마시며 마무리하면 자연 치유가 끝맺는다.
숲에 대해서 좀 더 자세히 알고 싶다면 숲 해설 프로그램을 이용해보자. 별도의 프로그
램을 신청하지 않았다면 무리를 이끄는 해설사를 졸졸 따라다니며 도둑 강의를 들어도
괜찮다. 국립수목원은 예약제로만 운영한다. 주중(화~금요일) 5천 명, 토요일 3천 명으로
방문객을 제한하고 있어 다른 수목원에 비해 여유롭다. 볼멘소리도 있다. 봄·가을 주
말에 예약하려면 빛의 속도로 서둘러야 하기 때문이다.

포천 이곳저곳 누비기

예부터 술맛은 물맛이라고 했다. 포천은 물 좋기로 유명해 전국적으로 잘 알려진 양조
장들이 모여 있다. 민속주를 고급화한 산사원 역시 그중 하나로, 포천 화현면에 자리하
고 있다. 전통주를 테마로 주조 과정을 볼 수 있는 박물관, 미니 양조장, 시음마당 등이
꾸며져 있어 술에 관심이 없는 사람도 발길을 옮기게 된다. 박물관에서 다양한 전통주
를 시음하고 정원을 한 바퀴 돌아보면 좋다.
고모리저수지는 수변 산책로가 갖춰져 있어 근교 데이트 코스로 많은 사람이 찾고 있
다. 전 구간을 돌아보려면 40~50분 정도 잡아야 한다. 주말에는 오리배를 타고 호수를

산사춘 야외전시장   산사춘 무료시음장   카페 '복숭아꽃 살구꽃'

유람하는 연인들이 꽤 많다. 주변에 분위기와 재미, 두 마리 토끼를 모두 잡을 수 있는 카페 30여 곳이 영업 중인데, 어느 곳을 가도 개성이 넘친다.

'복숭아꽃 살구꽃'에는 신영진 사장이 18세 때부터 36년간 모은 진기한 물건들이 가득하다. 향수를 자극하는 추억의 물건과 미국에서 수집한 수십 종의 유모차, 전시 공간이 부족해 바닥까지 점령한 타자기, 포장도 뜯지 않은 마징가 Z 등 전시품들을 하나씩 나열하기도 어렵다. 박물관에서 가장 비싼 것은 무쇠로 만든 우체통이다. 현재 400~500만 원을 호가한다고. 60~80년대 달동네의 이발소, 만화방, 시계방, 왕대포 등을 재현한 테마 공간도 알차다. 카페는 아메리칸 스타일로 꾸며 놓았는데, 모든 소품이 직접 미국에서 수집한 물건들이다.

info.

대중교통 서울 지하철 1호선 시청역-의정부역(53분 소요), 의정부역 4번 출구로 나와 동부광장 정류장에서 21번 버스 승차 후 국립수목원 정류장 하차(52분 소요) / 문의: 서울 지하철 1호선 시청역(02-6110-1321)

내비게이션 국립수목원(경기도 포천시 소흘읍 광릉수목원로 415, 031-540-2000), 산사원(경기도 포천시 화현면 화동로432번길 25 배상면주가, 031-531-9300), 고모리저수지(경기도 포천시 소흘읍 고모리, 031-538-2034), 복숭아꽃 살구꽃(경기도 포천시 소흘읍 죽엽산로 481-36, 031-542-5363)

어디서 묵을까 운악산자연휴양림(031-534-6330)은 물 좋고 공기 좋은 포천의 자연에 동화되기 좋은 곳이다. 산정호수에는 한화리조트(031-534-5500)와 한탄강을 따라 조성된 비둘기낭캠핑장(031-540-6501), 캠핑락(031-535-1121) 등이 있다.

무엇을 먹을까 청산별미(031-536-5362)는 포천시 농업기술센터가 선정한 농가식당 1호점이다. 식당의 대표 메뉴인 버섯샤브샤브를 주문하면 10여 종의 다채로운 버섯이 꽃다발처럼 소복하게 담겨 나온다. 그중에서 노랑느타리버섯은 혈압, 노루궁둥이버섯은 치매, 표고버섯은 고혈압에 좋다고 한다. 백만송이버섯과 가장 비싼 참송이버섯은 항암 효과가 있다고 알려져 있다.

버섯샤브샤브

문의: 포천시청 문화관광과(031-538-2034)

완도수목원

전라남도에서 운영하는 국토 최남단 공립수목원이며, 국내 유일한
난대수목원이다. 난대림 수종을 보유하고 있어 1년 내내 푸르다,
2,000ha가 넘는 규모로 최소 1시간은 둘러보아야 주요 지점을
관람할 수 있다. 어린이나 장애우, 노약자를 위한 휠체어, 유모차가
통행 가능한 코스도 있다.

문의: 완도수목원(061-552-1532)

그밖의 대표적인
국·공립수목원
여행지

강원도립화목원

전국 제1의 산림을 자랑하는 강원도를 대표하는 강원도립화목원이
춘천에 있다. 1999년에 개장하여 반비식물원, 암석원, 토피어리원
등 9개의 주제원으로 구성되어 있고, 환경부에서 지정한 멸종 위기
식물 20종을 보유하고 있다. 이곳에는 유독 화사한 꽃들이 많다.
그래서 '화(花)목(木)원'인가 보다. 입장료도 저렴하고 볼거리가
풍성한 데 비해 사람이 적어 사색을 즐기기에 그만이다.

문의: 강원도립화목원(033-248-6691)

용인농촌테마파크

사계절 언제 찾아도 좋은
여유로운 꽃동산이다. 용인시
농업기술센터에서 직접
운영한다. 총 13만㎡ 규모에
다양한 테마로 조성하여
볼거리, 즐길거리가 풍성하다.
도시락을 싸 와서 먹을 만한
원두막과 데크가 넉넉히
준비되어 있어 가족 나들이
장소로 적합하다.

문의: 용인농촌테마파크
(031-324-4024)

인제 자작나무숲
VS
장성 축령산편백숲

겉보다 속이 좋고, 빠름보다 느림이 좋은 곳이 있다. 숲이 그렇다. 최소
몇 십 년은 인내해야 나무가 숲이 되고, 숲이 산이 된다. 도시에서는 절대
느낄 수 없는 느린 시간 속에 나를 담그면 상처에 새살이 돋는다. 막혔던
가슴도 시원하게 뚫린다. 돈으로 살 수 없는 귀한 시간이다. 치유를
방해하는 휴대전화는 잠시 꺼두고 절대자의 숨소리에 귀 기울여보자.
그리고 함께 호흡해보자. 그가 나를 치유해줄 것이다.

자작나무숲↑

축령산편백숲↓

이국적 풍광이 지친 일상을 잊게 한다
인제 자작나무숲

눈 밟는 소리, 바람 소리 그리고 고요함

강원도 인제는 산이 깊다. 주차장에서 자작나무숲까지는 임도를 따라 3.2km 정도 걸어 가야 한다. 경사가 완만하고 부드러워 누구나 걷기에 무리가 없다.

들머리탐방안내소를 지나자 "야호~" 외마디 환호성을 지르며 쾌속 질주하는 사람이 있 다. 엉덩이에는 비료 포대가 깔렸다. 얼핏 보아서는 50대는 족히 되어 보인다. 새하얀 눈 이 나이를 잊게 했나 보다. 쉬엄쉬엄 한 시간가량을 오르자 벌거벗은 산이 곡선을 드러 낸다. 산의 참모습을 보기 위해서는 겨울이 제격이란 말은 이를 두고 했나 보다. 옴팍한 지형에 촘촘히 심어진 자작나무가 모습을 드러낸다. 나무계의 귀족답게 새하얀 자태가 고귀하고 성스럽다. 자작나무는 여러모로 쓸모가 많다. 외모가 아름다워 정원수로, 튼 튼해서 가구재로 사용한다. 나무껍질은 예부터 종이 대용으로 이용했다.

'윙윙윙…' 나무 사이를 휘젓고 다니는 바람의 울림이 예사롭지 않다. 바람에 이끌려 '속 삭이는 자작나무숲' 팻말 아래로 몸이 빨려든다.

자작나무숲길은 모두 세 갈래다. 가장 짧은 자작나무코스는 900m 남짓이고, 치유코스 는 1.5km, 탐험코스는 1.km이다. 세 구간 모두 출발과 도착 지점이 같다.

자작나무숲, 문학의 감성 속으로

자작나무는 경제적 가치보다 정서적 가치가 더 크다. 도시인의 삭막한 일상에 활기를 불어넣어 주는 숲의 감성적 가치는 계량화할 수 없을 만큼 대단하다.

자작나무의 참 멋은 겨울에 드러난다. 새하얀 눈보다 더 흰 자태를 뽐내는 자작나무를 대할 때면 보는 이의 마음마저 청결해진다. 시베리아횡단열차를 타고 며칠씩 가야 만날 수 있는 이국적인 풍광을 배경으로 삼았던 영화 〈닥터 지바고〉를 보면 자작나무에게서 기품마저 느낄 수 있다.

깊은 어둠에 빠져봐야 빛의 고마움을 안다고 했던가. 어두운 땅속에서 벗어난 순결한 자작나무는 언제나 파란 하늘을 향한다. 그곳에서 밝은 빛이 비치기 때문이다. 흑백만 남은 겨울 한가운데 서서 병들고 지친 사람들에게 하늘의 빛을 전하는 자작나무가 고맙다. 그 모습은 순교자처럼 의연하다.

바람에 흔들리는 하얀 나무의 속삭임은 설국의 섬세한 울림과 통한다. 하늘을 향한 몸짓은 고통받는 자들의 염원을 담고 있다. 흙탕물 같은 세상 속에서 찌들 대로 찌든 슬픈 과거를 자작나무숲에 흩뿌려보자. 금세 새하얀 눈이 내려 그것을 덮어주리라. 어깨에 짊어진 무거운 짐도 이곳에 내려놓자. 삭풍이 불어와 저 멀리, 날려줄 것이다. 발목을 잡고 있는 아픈 과거의 상처도 묻자. 발목보다 높이 쌓인 눈이 상처를 덮어버릴 수 있도록.

자작나무로 만든 인디언텐트   마음껏 키 자랑하는 자작나무

인제 이곳저곳 누비기

인제 여행은 황태 요리로 마무리하면 좋다. 황태는 명태를 손질한 뒤, 12월부터 4월까지 덕장에 걸어 낮은 온도와 햇볕, 바람을 이용해 얼리고 말리기를 수십 차례 반복한다. 인고의 세월 뒤에 비로소 누르스름한 황태가 되는 것이다. 황태로 유명한 곳은 용대리황태마을이다. 워낙 바람이 많이 불고, 일교차가 크다 보니 타지에서 말린 황태보다 맛과 품질이 우수하다. 매년 5월 중, 용대3리 삼거리 일원에서 '용대리황태축제'가 개최된다.

용대전망대에 올라가면 냇가를 사이에 두고 삼각형으로 솟은 큰 바위산이 보인다. 매

늘씬한 몸매를 뽐내는 자작나무숲

황태덕장

박인환문학관

바위(100m)다. 다리 쪽에서 올려다보면 매의 모습을 닮았다. 매바위에 인공 폭포가 설치되어 있다. 겨울에는 폭포가 꽁꽁 얼어붙어 빙벽으로 변한다. 때를 기다렸다는 듯 빙벽 마니아들이 스파이더맨처럼 외줄에 의지한 채 아찔하게 매달린다. 암벽 등반의 경우 초보자들도 안전 교육을 이수하면 직접 체험할 수 있다.

박인환문학관은 〈목마와 숙녀〉, 〈세월이 가면〉으로 유명한 박인환 시인의 시 세계를 엿볼 수 있는 곳이다. 1950년대 댄디보이였던 시인은 바바리코트를 휘날리며 고독한 미소로 여심을 사로잡았다. 문학관 내부에 '명동 백작'으로 불리던 시인이 활동했던 50년대 명동 거리가 펼쳐진다. 모더니스트들의 사랑방 역할을 했던 '마리서사', 모더니즘 시 운동의 시초가 된 술집 '유영옥', 해방 이후 명동에서 가장 먼저 문을 연 '봉선화다방' 등 시인과 관련된 당시 명소들을 사실감 있게 재현해서 볼만하다.

info.

대중교통 동서울종합터미널-인제시외버스터미널(3시간 소요), 인제시외버스터미널에서 농어촌버스 승차 후 하추리 정류장 하차(40분 소요), 원대리 자작나무숲까지 도보로 이동(60분 소요) / 문의: 동서울종합터미널(1688-5979), 인제시외버스터미널(033-463-2847)

내비게이션 원대리자작나무숲(강원도 인제군 인제읍 원남로 760 자작나무숲안내소, 033-460-2081), 용대리황태마을(강원도 인제군 북면 용대리, 033-462-4808), 매바위인공폭포(강원도 인제군 북면 용대리, 033-460-2170), 박인환문학관(강원도 인제군 인제읍 인제로156번길 50 산촌민속박물관, 033-462-2086)

어디서 묵을까 힐링펜션 북설악황토마을(033-462-5535)은 하루를 마무리하고 편히 쉴 수 있는 공간이다. 너와지붕을 올리고 황토와 통나무로 건물을 지어 산골 마을에서 하루를 보내는 느낌이다. 옛날 한옥 아궁이 체험이 가능하고 직접 말린 황태를 살 수 있다.

무엇을 먹을까 용대3리 삼거리를 기준으로 황태 요리 전문점들이 즐비하다. 황태덕장에서 운영하는 황태정(033-462-8888)은 품질 좋은 황태로 요리한다. 곰탕보다 뽀얗고 진한 황태국이 제대로다. 어머니의 손맛이 그대로 묻어난 밑반찬도 별미다.

문의: 인제군청 문화관광과(033-460-2081~4)

황태구이정식

횡성 미술관자작나무숲
사진가 원종호 관장이 1991년 자작나무 1년생 묘목 1만2천여 주를
심으면서부터 시작되었다. 원종호갤러리에 자신의 작품 30여 점을
상설 전시하고 있으며, 기획전시관과 카페, 펜션 등을 함께 운영하고
있다. 입장권은 1만 원으로 다소 비싼 편이지만 미술관 엽서로 된
티켓으로 카페에서 원두커피를 즐길 수 있다.
문의: 미술관자작나무숲(033-342-6833)

그밖의 대표적인 자작나무숲 여행지

서울 선유도공원
서울 한복판에서도 순백의 자작나무숲을 만날 수 있다. 빈티지한
출사지로 인기인 선유도가 주인공이다. 선유도공원은 옛 정수장을
활용한 국내 최초 재활용 생태공원으로, 데이트 코스로 주목받고
있다. 한강 중심부에서 계절의 변화를 빠르게 느낄 수 있는 곳이다.
문의: 선유도공원(02-2634-7250)

양평 서후리숲
가족이 운영하는 개인
숲이다. 많이 알려지지 않아
호젓하다. 봄철 푸릇푸릇한
봄기운이 땅에서 돋아날
무렵, 자작나무의 화사한
자태가 더욱 돋보인다.
자작나무숲 외에도 참나무숲,
메타세쿼이아숲, 층층나무숲
등이 있다. 돌아보려면 1시간
정도 소요된다.
문의: 서후리숲(010-2065-2387)

내 마음에 쉼표 찍고, 너에게 느낌표 찍다
장성 축령산편백숲

보는 숲에서 느끼는 숲으로

계절감을 느끼기에 숲만 한 곳이 없다. 힐링을 원하는 현대인들은 화려하게 가꾸어진 정원보다 편안하고 자연스러운 느낌으로 다가오는 숲을 원한다. 전라남도 장성에 있는 축령산자연휴양림은 오감으로 계절을 느끼기에 좋다. 스펀지가 물을 흡수하듯 숲의 건강한 기운을 몸이 본능적으로 빨아들이는 곳이다.

휴양림의 들머리는 추암마을 주차장이다. 숲 안내센터까지 1.6km가량 임도가 놓였다. 길 주변에 울창한 숲이 이어진다. 약간 가파른 오르막이라 숨이 차다. 휴양림 입구에 '22세기까지 보전해야 할 아름다운 숲'이라 쓰인 현수막이 걸렸다. 발걸음을 떼면 뗄수록 공기 맛이 다르다. 20여 분만에 도착한 숲 안내센터, 그 옆에 춘원 임종국(1915~1987) 선생의 기념비가 있다. 축령산자연휴양림은 임종국 선생의 작품이라 할 수 있다. 그는 일제 강점기와 한국 전쟁을 거치며 황폐해진 산야에 1956년부터 생을 마감하는 그 날까지 30여 년간 나무를 심고 가꿨다. 편백과 삼나무는 반백 년 동안 선생의 삶과 동고동락했다. 끝을 가늠할 수 없는 키 큰 나무들이 하늘을 향하고 있다. 그 모습은 생명의 빛을 기다리는 구도자의 모습을 닮았다.

숲 규모는 자그마치 258ha에 이른다. 이쑤시개통 한가운데 들어선 것처럼 빈틈없이 빽빽하다. 곧은 나무 사이를 걷다 보면 이곳이 과연 우리나라일까 싶을 정도로 이국적이다.

거대한 공룡 다리처럼 느껴지는 키 큰 편백나무 →

가면 뒤에 숨었던 나를 꺼내는 시간

피톤치드를 들이마시는 부부 탐방객

기념비에서 곧장 가면 축령산(621m) 정상으로 통하는
등산로가 있다. 정상까지는 20분 정도 올라야 한다.
키 큰 나무들이 시야를 가려 뭐가 보일까 싶지만, 정상
에 있는 2층 정자에 올라서면 내장산, 백암산이 가물
가물한 신기루처럼 보이고, 장성군을 감싼 산봉우리
들이 묽은 먹물처럼 번져 흐릿하게 펼쳐진다. 정상에
서 산길을 따라 내려가면 임권택 감독의 영화〈태백산
맥〉과 전도연 주연의 서정미가 돋보였던〈내 마음의
풍금〉을 촬영한 금곡영화마을이 나온다. 마을까지 가
는 산길에는 편백보다 산죽, 참나무가 많다. 그러므로
'숲내음길'로 명명된 임도를 따라 걷는 편이 낫다.

편백과 삼나무는 근위병처럼 위풍당당하다. 자연의 보호를 받으며 걷는 기분이 색다르
다. 숲길 옆에는 치유를 위한 장소가 있다. 편백 아래 평상이 여러 개 놓여 있는데 하늘을
보고 이 평상에 누워 5~10분만 눈을 감고 있어도 숙면을 취한 듯 개운하다. 피톤치드 덕
분이다. 피톤치드는 심리적인 안정 이외에 말초혈관을 단련시키고, 심폐 기능을 강화한
다. 또한, 피부를 소독하는 약리 작용까지 하므로 아토피로 고생하는 아이들에게 적극적
으로 권할 만하다.

편백숲에서 아무것도 하지 않을 자유를 누려보자. 세상으로부터 나를 보호하는 가면도
내려놓자. 가면 뒤에 숨어 있던 진짜 내가 빛에 노출되는 순간, 참 치유가 시작된다. 잠자
던 오감을 깨우고 말초신경부터 폐부의 작은 세포까지 일으켜 세우는 시간이다.

장성 이곳저곳 누비기

홍길동은 허균의 소설《홍길동전》의 주인공인 줄만 알았다. 그런데 알고 보니 그는 역사
속에 실존하는 인물이었다. 서자라는 태생적 한계를 뛰어넘어 의적으로 이름을 날린 홍
길동의 이야기를 따라 홍길동테마파크가 조성되어 있다. 홍길동 생가에서는 길 떠나는
홍길동의 비장함을 느낄 수 있다. 홍길동전시관에는 그가 실존 인물임을 보여주는 자료
들이 전시 중이다. 홍길동이 활약했던 활빈당 산채를 재현한 곳에서는 의적의 집, 활빈
당, 당수의 집 등을 볼 수 있다.

겨울왕국을 연상시키는 겨울 편백숲 →

편백나무와 삼나무의 기세가 위풍당당하다.

걷는 내내 자연의 보호를 받고 있는 기분이다.

홍길동테마파크

임권택시네마테크

81년의 삶이 한국 영화의 역사가 된 사람이 있다. 바로 영화감독 임권택이다. 1934년 장성에서 태어나 100편 넘는 영화를 남겼다. 장성군 북하면에 있는 임권택시네마테크에서는 그의 작품 세계를 한눈에 볼 수 있다. 전시관은 전통, 사랑, 역사, 길, 네 가지 주제로 구성되어 있다. 전시물만 봐도 한국 영화가 어떻게 발전해왔는지 짐작할 수 있다.

필암서원은 호남의 대표적인 서원이다. 고종 때 서원철폐령이 내려졌음에도 전라도에서 유일하게 훼손되지 않았다. 청절당 처마 밑에는 윤봉구가 쓴 '필암서원' 현판이 걸려 있고, 대청마루에는 동춘 송준길이 쓴 현판이 걸려 있다. 확연루의 현판은 우암 송시열이 쓴 것이다. 홍길동테마파크에서 차량으로 10분 거리에 있다.

info.

대중교통 센트럴시티터미널–장성공용버스터미널(3시간 15분 소요), 장성공용버스터미널에서 46번 버스 승차 후 고정 정류장 하차(36분 소요), 이후 도보 이동(20분 소요) / 문의: 센트럴시티터미널(02-6282-0114), 장성공용버스터미널(1666-6620)

내비게이션 축령산삼나무편백숲(전라남도 장성군 서삼면 모암리, 061-393-1989), 홍길동테마파크(전라남도 장성군 황룡면 아곡리 397, 061-394-7240), 임권택시네마테크(전라남도 장성군 북하면 쌍웅리, 061-390-7241), 필암서원(전라남도 장성군 황룡면 필암리 378-379, 061-394-0833)

어디서 묵을까 청백한옥(061-393-9466)은 2013년 한국관광공사가 인증한 우수한옥체험시설이다. 행랑채를 제외한 안채, 사랑채, 별당 등은 화장실이 외부에 있지 않고 실내에 있어 편리하다. 장성호관광지에서 가까운 곳에 장성군 유일의 호텔인 백양관광호텔(061-392-2114)이 있다. 2004년에 리모델링해서 비교적 시설이 쾌적한 편이다. 동반 가족이 많을 경우 펜션 별관이 좋다.

무엇을 먹을까 백련동식당(061-393-7077)은 구수한 해물된장국, 고소하고 따끈따끈한 시골 손두부, 부드러운 돼지수육, 향긋하고 담백한 제철 나물, 신선하고 아삭아삭한 유기농 야채쌈 등 12가지의 반찬이 곁들여진 시골밥상을 추천한다. 가격도 상상 이상으로 저렴하다. 마을 공동체에서 직접 수확한 각종 작물로 요리한다.

문의: 장성군청 문화관광과(061-390-7241)

홍어삼합정식

익산 두동편백숲

마을 주민들이 황폐해진 뒷산에 오랫동안 나무를 직접 심고 가꿔 숲을
만들었다. 수령 35년이 넘은 나무들이 가득한 숲속에 발을 디디면
청량함이 무엇인지 깨닫게 된다. 갑갑한 도심에서는 마실 수 없는
청정하고 순수한 공기 100%다. 숲길을 따라 10분 정도 걸어가면
평상과 나무 침대, 벤치가 기다린다. 마을 입구에 있는 두동교회는
'ㄱ'자 형태로 근대문화유산으로 지정되었다. 남녀가 얼굴을 보지
못하도록 설계된 우리나라에서만 볼 수 있는 형태의 교회 건물이다.
문의: 두동정보화마을(063-862-8600)

그밖의 대표적인
편백숲 여행지

완주 공기마을편백숲

이름도 예쁜 이곳에는 10만 그루에 이르는 편백나무가 늘어서
있다. 빼곡한 숲속에 들어서면 몸이 먼저 알 정도로 공기가 좋다.
편백이 뿜어내는 피톤치드 덕분이다. 스트레스 해소와 아토피 등
피부염 치료에 효과가 있다고 알려진 후, 숲속에서 간단히 풍욕을
즐길 수 있도록 터를 다져놨다. 많은 사람이 찾는데, 개중에는 인근
민박집에서 숙식을 해결하면서 장기 요양을 하는 이들도 있다.
문의: 공기마을(063-290-3501)

장흥 편백숲우드랜드

40년 이상 된 편백이 하늘을
덮고 있다. 13만1896㎡(약
3만9900평)의 면적으로,
억불산 자락에 자리한다.
숲길에는 나무 톱밥이 깔려
있어 푹신한 카펫 위를 걷는
기분이다. 겨울에는 특별히
편백 톱밥 찜질방을 개장한다.
찜질복으로 갈아입고 색다른
치유의 경험을 만끽해보자.
특히 호흡기, 피부 질환,
심신의 안정에 좋다.
문의: 정남진편백숲우드랜드
(061-864-0063)

통영 미륵산케이블카
VS
완주 대둔산케이블카

절경을 보고 싶은데 산을 올라가기는 엄두가 안 나거나
관절염 등으로 산을 오르기 힘든 사람들에게 높은 산은
좌절감을 안겨준다. 이때 누가 업고 올라갔으면 좋겠다는
생각이 드는 것은 인지상정. 우리나라에는 쉽게 오를 수 있도록
케이블카가 설치된, 전망 좋은 산이 몇 곳 있다.
바다를 한눈에 품고 있는 통영 미륵산과 알록달록
고운 단풍을 감상할 수 있는 완주 대둔산이 그곳이다.

미륵산케이블카↑

대둔산케이블카↓

10분 만에 한려수도를 한눈에 담다
통영 미륵산케이블카

타보면 알 수 있는 케이블카의 매력

통영은 섬이 될 운명이었는지도 모른다. 경상남도 고성군 해안 지역에서 남해를 향해 툭 불거져 나온 모습을 보니 금방이라도 육지에서 떨어져 나갈 것만 같다. 부산과 여수를 잇는 항로 중간 지점에 둥지를 튼 덕분에 우리나라에서 두 번째로 큰 섬 거제도와 그에 버금가는 남해도가 좌·우에서 거센 파도를 쫓아내고, 찬바람을 막아준다. 그 덕에 바다는 잔잔하고, 날씨가 사철 따뜻하다. 맛있는 음식이 많기로도 유명하다. 이런 통영을 사람들은 '동양의 나폴리'라 부른다. 볼 것, 먹을 것, 게다가 인정까지 많은 통영은 여행자의 천국이다. 통영 주변에는 섬들도 무수히 많다. 미륵도, 한산도, 사량도, 하도, 욕지도…. 그중에서 가장 큰 섬이 미륵도다. 차를 타고 통영대교, 충무교를 건너면 닿는

다. 혹은 통영해저터널을 통해 걸어서 바다를 통과할 수도 있다. 통영 반도와 미륵도를 잇는 해저터널은 동양 최초이다. 이렇듯 땅을 밟고 건너다 보니 섬인지 육지인지 헷갈린다. 그래도 분명 섬이다.

섬 가운데 우뚝 솟은 곳이 461m의 미륵산이다. 정상에 오르면 잔잔한 다도해가 발아래 펼쳐진다. 미륵산케이블카는 죽기 전에 꼭 봐야 할 그림 같은 풍경을 손쉽게 볼 수 있도록 산 정상까지 데려다준다. 케이블카는 8명이 정원이고, 운행거리는 1,975m로 우리나라 관광객용 케이블카 중에서 가장 길다. 고저 차 337m에, 최고속도가 초속 6m 정도, 탑승 소요시간은 10분이다. 시간을 잘못 맞추면 1시간을 기다릴 수도 있다. 케이블카를 기다리는 긴 줄이 줄지 않는 이유는 무엇일까? 궁금하다면 올라가 보자.

오전에 케이블카 타고, 오후에는 미륵도를 달려라

케이블가가 외줄에 매달려 두둥실 허공을 가른다. 창밖에는 상록수림이 무성해 철마다 푸르다. 고도가 높아짐에 따라 통영항과 한려수도가 한눈에 보인다. 순간 이동이라도 한 듯 금세 지나간 10분을 아쉬워하며 상부 역사에 도착한다.

상부 역사에 닿아 처음 만나는 대마도전망대에서는 날씨가 좋으면 대마도까지 보인다. 이후 약 500m 정도를 오르면 정상이다. 10~15분 정도 소요된다. 산책로 주변에 통영병꽃 군락지가 조성되어 있는데, 6월에 꽃이 핀다. 당포해전전망대를 지나 박경리 묘소 전망 쉼터를 거쳐 정상까지 올랐다면 통영상륙작전전망대와 신선대전망대를 거쳐 한산대

외줄에 매달려 허공을 가르는 케이블카

첩전망대를 통해 내려오면 된다. 물론 반대로 진행해도 무방하다.

당포해전전망대에서 내려다보면 소설가 박경리 선생의 묘소와 기념관을 찾을 수 있다. 그 못미처 계단식 논이 있는 야숫골도 눈에 들어온다. 야숫골은 옛날에 무기를 만드는 대장간이 있었다 해서 '야(冶)'자가 붙었다. 미륵사 표지석이 있는 정상에 서면 통영 항구와 시내 전경, 그리고 한려수도가 평온한 모습으로 다가온다.

미륵도는 크다. 하루 날 잡아 이 섬만 다녀도 시간이 빠듯하다. 그나마 긴 줄을 피할 수 있는 오전 시간에 케이블카를 이용하는 게 좋다. 동양 최초의 해저터널인 통영해저터널, 꽃의 시인을 기념하는 김춘수유품전시관, 한국의 피카소를 기리는 전혁림미술관, 대하소설 《토지》의 작가가 잠든 박경리기념관을 돌아보고, 산양일주도로를 달려 달아공원에서 일몰까지 놓치지 않았다면 미륵도를 꼼꼼히 챙겨본 셈이다.

통영 이곳저곳 누비기

통영은 예술의 도시답게 강구안을 중심으로 문학 벨트가 조성되어 있다. 출발 지점은 청마문학관이다. 청마 유치환은 학창 시절에 한번쯤 읽어봤을 〈깃발〉, 〈행복〉 등의 주옥같은 시를 썼다. 시인은 사랑하는 연인에게 5천여 통의 연서를 보냈다. 시인이 죽자, 여인은 꽃향기처럼 향긋한 사랑의 언어들을 엮어 서간집을 출간했는데, 제목이 〈사랑하였으므로 행복하였네라〉이다. 청마기념관과 생가는 강구안이 한눈에 들어오는 망리봉 기슭에 있다.

꽃의 시인 김춘수의 발자취를 따르고 싶다면 김춘수유품전시관을 찾아가 보자. '내가

당포해전전망대에서 내려다본 야송골

케이블카에서 내려 15분 정도만 오르면 닿는 미륵산 정상

삼양일주도로의 동백나무 가로수

박경리기념관 내부   박경리기념관에 전시 중인 《토지》 완결

그의 이름을 불러주기 전에는 그는 다만 하나의 몸짓에 지나지 않았다…' 통영에서 나고
자란 시인 김춘수는 시 〈꽃〉을 통해 존재의 본질과 정체성을 드러내고자 했다. 전시실
에는 김춘수의 유품과 옷가지가 전시되어 있다.

《토지》를 쓴 작가 박경리의 기념관은 미륵산을 배경으로 통영 바다가 내려다보이는 곳
에 자리하고 있다. 기념관에서는 작가의 생애를 엿볼 수 있는 유품들이 전시 중이다. 바
깥 공원에는 작가의 글이 적힌 돌비와 구불구불한 돌길이 이어진다. 길 가장자리에는
인동(忍冬)의 세월을 겪고 핏빛으로 다시 태어난 동백꽃이 드문드문 피어있다. 작가 역시
인고의 시간, 숙성의 과정을 필연적으로 거쳐야 하지 않는가. 굽이진 돌길과 동백꽃이
작가의 생애를 닮았다.

info.

대중교통 서울고속버스터미널-통영종합버스터미널(4시간 10분 소요), 시외버스터미널 정류장에서 231번 버스 승차 후
용화사 정류장 하차(59분 소요) / 문의: 서울고속버스터미널(1688-4700), 통영종합버스터미널(1688-0017)

내비게이션 미륵산케이블카(경상남도 통영시 발개로 205, 1544-3303), 청마문학관(경상남도 통영시 망일1길 82, 055-
650-4591), 김춘수유품전시관(경상남도 통영시 해평5길 142-16, 055-650-4538), 박경리기념관(경상남도
통영시 산양읍 신전리 1429-9, 055-650-2541)

**어디서
묵을까** 통영엔초비관광호텔(055-642-6000)은 통영 중심부에 있어 교통이
편리하다. 걸어서 동피랑마을까지 5분, 이순신공원까지 10분,
남망산조각공원까지 2분 정도 소요된다. 통영쉐리펜션(055-648-
8820)은 드라마에서 사용했던 가구와 소품을 직접 사용해 유명하다.

**무엇을
먹을까** 통영 강구안은 먹거리가 풍부하다. 뱃사람들이 즐겨 먹었다는 충무김밥은
무김치, 오징어무침과 함께 먹는다. 한일김밥(055-645-2647)은 통영
사람들이 많이 찾는 곳이다. 장어로 육수를 내고 시래기를 넣어 끓인 시락국과
함께 12가지 반찬을 직접 골라 먹을 수 있다. 원조시락국(055-646-
5973)은 서호시장 내에 있는데 말 그대로 원조집이다.

문의: 통영관광안내소(055-650-4680~1)

동피랑벽화마을

시락국

해남 두륜산케이블카

땅끝마을로 유명한 해남에서도 7대 관광지 안에 드는 명소다.
정상부에 오르면 아름다운 한려해상국립공원이 점점이 펼쳐지며,
유럽풍의 산책로가 잘 조성되어 있다. 겨울에 눈이 오면 눈꽃이 피어
두륜산 전체를 뒤덮는다.
문의: 두륜산케이블카(061-534-8992~4)

(그밖의 대표적인 바다 조망 케이블카 여행지)

울릉도 독도전망대케이블카

울릉도 독도박물관 옆에는 독도전망대로 향하는 케이블카가
있다. 독도전망대에서는 날씨가 좋으면 87.4km 떨어진 독도를
망원경 없이 육안으로 볼 수 있다. 시내를 바라볼 수 있는
시가지전망대까지는 5분 정도 더 올라야 하는데, 눈앞에 펼쳐지는
도동항의 모습이 미니어처를 보는 듯 작고 아름답다.
문의: 독도전망대케이블카(054-791-7160)

여수 해상케이블카

바다 위를 지나 섬과
육지를 통과하는 국내
최초의 해상케이블카이다.
아시아에서는 홍콩, 싱가포르,
베트남에 이어 4번째로
건설되었다. 총 50개의
케이블카는 크리스털 캐빈과
일반 캐빈으로 구성되었다.
특히 크리스털 캐빈은 바닥이
투명하여 바다 위를 지날 때,
더욱 스릴감을 느낄 수 있다.
문의: 여수 해상케이블카
(061-664-7301)

천국은 그리 멀리 있지 않다
완주 대둔산케이블카

손쉽게 산을 오르는 욕심쟁이들

'호남의 소금강', '단풍이 빚어내는 천혜의 풍광'. 대둔산도립공원을 꾸미는 말들이다. 하지만 구슬이 서 말이라도 꿰어야 보배고, 오르지 못한다면 금강산의 아름다움인들 나와 무슨 상관이랴. 더군다나 너덜 지대가 무릎 연골을 빼먹으려고 호시탐탐 노리고 있다면 문제는 더욱 심각해진다.

이러한 모든 것들이 대둔산케이블카 앞에서는 한낱 기우에 불과하다. 대둔산 케이블카는 정원이 51명이다. 일반 케이블카에 비해 다소 많은 편이지만 단풍철에는 빈 자리가 없어 아우성이다. 길이는 927m, 탑승 시간은 6분 정도다.

대둔산은 전라북도 완주군과 충청청남도 논산시, 금산군에 걸쳐 있는 도립공원이다. 정상은 '하늘을 만질 수 있는 봉우리'라는 뜻의 마천대(878m)이다. 임진왜란 때 권율 장군이 1,500명의 군사로 왜군 2만여 명을 무찔러 대승을 거둔 이치대첩의 현장이 대둔산 남쪽 사면인 배티재(349m)다. 동학 농민들이 이곳에서 최후의 항전을 벌이기도 했다.

케이블카에 사람이 가장 많이 몰리는 시기는 가을 단풍철 주말이다. 대둔산 단풍은 기암과 어우러져 유난히 곱다. 더군다나 케이블카까지 있으니 손쉽게 산을 오르고 싶은 욕심쟁이들이 모이는 것은 당연지사. 주말을 피할 수 없다면 아침 일찍 서두르는 게 상책이다. 가을 성수기 주말에는 오전 7시 30분부터 운행한다. 매표소에서 표를 구매한 순서대로 탑승하면 된다. 탑승객이 많을 경우 개인별 탑승 시간을 알려줘 편리하다.

짧은 6분, 긴 여운

케이블카는 창가 쪽이 VIP석이다. 공중에서 대둔산을 속속들이 감상할 수 있다. 대둔산이 호남의 금강산이라 불리는 이유를 바로 알 수 있다. 봉우리마다 한 폭의 산수화가 그려진다. 주먹 불끈 쥔 건장한 남자의 팔뚝 같은 동심바위도, 위풍당당하게 서 있는 장군바위도 발아래 머리를 조아린다.

6분의 짧은 시간을 마감하고, 상부 역사에 케이블카가 도착한다. 역사에는 휴게실, 커피숍, 매점이 있다. 아찔한 금강구름다리까지 약 50m만 오르면 된다. 구름다리는 길이 50m에 폭이 1m인 다리로, 대둔산을 대표하는 볼거리다. 사진 찍는 사람들이 많아서 붐비는 구간이기도 하다. 위태위태하게 구름다리를 건너면 수직으로 하늘을 향해 서 있는 삼선계단 아래에 다다른다. 느낌상 90도 수직 계단처럼 보이지만 실제 경사 각도는 51도. 계단 개수가 127개, 길이가 36m이다. 삼선계단은 보고만 있어도 간담이 서늘하다.

일명 '천국으로 가는 계단'인 삼선계단

마음의 준비를 하지 않고 얼떨결에 계단에 올랐다가는 큰 낭패를 보게 된다. 오로지 전진만 해야 하니 말이다. 허벅지에 밀려오는 묵직한 근육의 떨림은 문제가 아니다. 천 길 낭떠러지에 매달려 바람에 휘청거리는 계단이 문제다. 이런 까닭에 삼선계단을 '천국으로 가는 계단'이라 부른다. 고소공포증이 있는 사람이라면 살짝 구토 증세가 나타날지도 모르지만, 그것도 잠시다. 발아래 펼쳐진 드넓은 산세를 바라보고 있으면 힘듦과 두려움 따위는 어느새 사라진다. 100% 무공해 청정 산소를 가슴 가득 담고서 해냈다는 뿌듯함에 자신감이 100배 충전된다.

대둔산 정상 마천대

대승한지마을의 한지 체험

와일드푸드축제에서
메뚜기를 잡는 체험객

가족휴양지로 제격인
고산자연휴양림

와일드푸드축제의 하이라이트
'감자삼굿'

완주 이곳저곳 누비기

전주에서 완주 소양면 방면으로 가다 보면 대승한지마을에 도착한다. 이곳은 고려 시대부터 한지 생산지로 명성이 높았는데, 최근 한지 제작 체험 프로그램을 운영하면서 가족 여행자들이 부쩍 많이 찾고 있다. 한지의 제조 과정은 단순해 보인다. 하지만 손이 많이 가는 고된 작업이다. 원료가 되는 닥나무를 재배하고, 수확한 뒤 큰 찜통에서 껍질이 잘 벗겨지도록 오랜 시간 삶아야 한다. 한지 제작 체험 외에도 부채, 닥종이 신발 등을 직접 만들어보는 프로그램도 있다. 그밖의 한지로 만든 다양한 제품들을 둘러볼 수 있는 전시관도 있다.

고산자연휴양림은 사계절 삼림욕을 즐길 수 있는 가족 휴양지이다. 낙엽송, 잣나무, 리기다소나무 등 숲이 울창하여 공기가 매우 좋은데다 여름 물놀이터, 황토 지압볼, 캠핑 카라반과 숲속의 집 등 시설을 잘 갖추어 놓았다. 매년 10월에 특별한 축제가 열린다. 와일드푸드축제는 천연 그대로의 맛을 느낄 수 있는 야생 음식을 즐기는 행사이다. 참가자들은 논밭에서 메뚜기를 잡아서 화로에 구워 먹는 독특한 체험을 할 수 있다. 또는, 강변에서 천렵으로 잡은 물고기를 바로 꼬치에 끼워 굽기도 한다. '감자삼굿'이라는 전통 요리법 또한 경험해볼 수 있다. 이 요리법은 땅에 구덩이를 파고, 그 안에 뜨겁게 달군 돌과 감자, 고구마, 옥수수 등을 넣은 후, 열이 빠져나가지 못하도록 황토를 덮어서 익히는 완주군 창포마을에서 내려오는 전통 방법이다.

info.

대중교통 서울고속버스터미널-대전복합버스터미널(2시간 소요), 복합터미널 정류장에서 201번 버스 승차 후 버드내아파트 정류장 하차(26분 소요), 34번 버스로 환승하여 대둔산휴게소 정류장 하차(1시간 20분 소요), 이후 도보로 이동(20분 소요) / 문의: 서울고속버스터미널(1688-4700), 대전복합버스터미널(1577-2259)

내비게이션 대둔산케이블카(전라북도 완주군 운주면 대둔산공원길 55, 063-263-6621~3), 대승한지마을(전라북도 완주군 소양면 복은길 18, 063-242-1001), 고산자연휴양림(전라북도 완주군 고산면 고산휴양림로 246, 063-263-8680)

어디서 묵을까 대둔산관광호텔(063-263-1260)은 대둔산 인근에 위치해 교통이 편리하다. 등산 후 온천 사우나를 통해 피로를 말끔히 해소할 수 있다. 양실과 한실로 구분되어 있다.

무엇을 먹을까 완주의 건강식 농가 레스토랑 아하라(063-263-3880)는 지역에서 생산되는 로컬푸드로 건강한 채식 밥상을 선보인다. 동상의 표고버섯, 경천의 대추, 봉동의 생강, 고산의 마늘 등 완주군의 우수한 식재료를 선별해서 요리한다.

쌈채보리비빔밥

문의: 완주군청 문화관광과(063-290-2613)

대구 팔공산케이블카
정상에 오르면 대구시 전경이 한눈에 들어온다. 팔공산 조망대에서
산을 바라보면 동봉, 서봉, 비로봉, 병풍바위 등 팔공산 자락이
열두 치마폭처럼 펼쳐진다. 정상역 주변에는 사랑의 터널과 다양한
산책 코스가 마련되어 있어 가볍게 산책 삼아 걸어도 좋다.
문의: 팔공산케이블카(053-982-8801)

그밖의 대표적인 내륙 케이블카 여행지

ⓒ 설악산 케이블카

덕유산 곤돌라
케이블카보다 규모가 작은 것을 관광 곤돌라라 부른다.
무주리조트에서 관광 곤돌라를 타고 단숨에 덕유산
설천봉(1,520m)에 오를 수 있다. 특히 겨울에는 스키어들의
시원스런 질주를 감상할 수 있다. 20분 정도 더 올라가면 덕유산
정상 향적봉에 다다르는데, 눈꽃 여행지로 전국에서 몇 손가락
안에 드는 곳이다.
문의: 덕유산리조트(063-322-9000)

설악산케이블카
우리나라 산악 케이블카의
명불허전으로 1970년에
건설되었다. 이로써 등산하지
않고도 쉽게 설악산에
오를 수 있게 되었다. 해발
700m의 권금성 구간을 왕복
운행하는데, 정상부에서
동해와 울산바위, 토왕성폭포
등 다양한 경치를 조망할 수
있다. 특히 가을에는 화려한
단풍이 더해져서 설악산의
매력에 더욱 빠져들게 된다.
문의: 설악산케이블카
(033-636-4300)

11
낭만
캠핑 여행

연천 오토캠핑
VS
홍천 글램핑

요즘 캠핑을 다양하게 즐기는 사람들이 많다.
뚝딱뚝딱 손수 텐트를 치고 모닥불을 피우는 캠핑이 있는가 하면
이미 갖춰진 시설에 몸만 가서 럭셔리하게 여유를 즐기는 캠핑도 있다.
어느 쪽을 선택하든 상관없다. 자연과 벗하며,
즐거운 시간을 보낼 수 있는 캠핑이라면 뭐든 다 좋다.

오토캠핑↑   글램핑↓

소문난 곳은 이유가 있다
연천 오토캠핑

오토캠핑장의 정석, 한탄강오토캠핑장

연천군은 군사도시 이미지가 강했다. 경기 북부라는 지리적 특징도 있고, 추운 날씨 탓도 있다. 관광자원 역시 전곡리 유적 외에 떠오르는 게 없었다. 그런데 한탄강변에 캠핑장이 생기면서부터 반전이 일어났다. 계절과 관계없이 주말이면 언제나 캠핑장이 만석이 되었다. 아쉽게 예약하지 못한 사람은 주중에라도 휴가를 내서 '1박 2일'을 머물렀다. 이제는 연천 하면 캠핑이 먼저 떠오른다.

캠핑 고수에게는 물론이고, 초보자에게도 가장 먼저 권할 만한 캠핑장이다. 캠핑장은 37번 국도와 이어진 사랑교를 기준으로 오른편에 있다. 캠핑장은 오토캠핑장, 카라반, 캐빈하우스로 나뉜다. 오토캠핑장은 총 86개. 강변을 따라 질서정연하게 줄지어 구축되었다. 전기 배전반이 갖춰져 있어 편리하다. 바닥에는 잔디가 깔렸고, 주차 공간까지 이용할 경우, 대형 텐트에 그늘막(타프)을 치고도 남을 만큼 넉넉하다. 장작까지 갖춰 놓아 캠핑의 낭만인 캠프파이어를 즐길 수도 있다. 샤워장 두 동에서는 사계절 더운물이 나오고, 취사장 두 동에서는 겨울에 춥지 않도록 히터를 가동한다. 매점, 화장실 등 편의시설이 완벽하다. 캠핑장 중에서 가장 좋은 자리는 취사장과 화장실이 가까운 곳이다. 늦은 저녁에는 차량 소음도 적다.

카라반 구역에는 카라반(캠핑트레일러) 총 23대(4인용 8대, 6인용 15대)가 있다. 식탁과 침대로 자유자재로 변하는 테이블, 주방, 침대, 화장실, 옷장, 수납장까지 생활에 필요한 모든 시설이 다 갖춰져 있다. 이용해보면 카라반은 불편하고 좁다는 편견이 사라진다. 캐빈하우스(통나무집)는 총 15채가 있는데, 시설은 두말하면 잔소리다.

즐길거리도 최고 수준

한탄강오토캠핑장에서는 낭만적인 캠핑에 신나는 물놀이까지 할 수 있다. 이곳에서 백점짜리 아빠가 되는 것은 시간문제다. 우선 다인승 자전거를 빌려 라이딩을 즐겨볼 것. 한탄강 주변을 달리는 재미가 쏠쏠하다. 한여름에는 그늘막이 있는 자전거를 선택하는게 좋다. 인라인스케이트장에서 신나게 속도를 즐긴 뒤, 수영장 '패밀리아'에서 물놀이로 땀을 씻어내는 것도 좋다. 미끄럼틀 등 간단한 물놀이 기구까지 갖춰 놓았다. 오토캠핑장 이용 고객에게는 10% 할인까지 해준다. 성수기 주말에는 야외 공연장에서 재미있는 공연도 한다.

어린이캐릭터공원에서는 만화책에서 봤던 캐릭터 공룡들과 사진을 찍으며 시간을 보낼수 있다. 아이들은 어른들이 발음하기도 힘든 공룡 이름을 줄줄 꿴다. 공룡 캐릭터는 실사 이미지가 아닌 만화 속 캐릭터 이미지로 제작되어 친근하다. 곳곳에 포토존이 있어 가족과 함께 사진 찍기에도 그만이다.

어린이교통랜드는 아이들이 교통안전을 직접 체험할 수 있는 공간이다. 부모가 앞장서서 교통질서에 대해 교육하다 보면 교통사고 예방은 물론 가족애도 깊어진다. 작동 모형 및 영상실, 안전운전체험장 등이 있다. 평일 단체 관람만 가능한데, 예약하지 않아도 시설물 관람이 가능하다. 아이들 눈높이에 맞춘 작은 건물들과 도로 모형이 실제처럼 정교하다. 자전거를 빌렸다면 도로를 따라 교통안전 놀이를 즐겨보자.

연천 이곳저곳 누비기

2011년에 개관한 전곡선사박물관은 국내 최대 규모이며, 세계 5대 구석기 박물관 중 하나이다. 박물관 내부와 외부 선사 유적지에 구석기 시대 원시인의 생활을 멋지게 재현했다. 구석기인들이 매머드를 사냥하는 모습과 나무막대기를 마찰하여 불을 피우는 모습

가족 라이딩의 묘미, 다인승 자전거

안전운전체험공간인 어린이교통랜드

전국 최대 규모의 전곡선사박물관

전곡선사박물관에 전시된 구석기 시대의 모습

허브향 가득한 허브빌리지

등 흥미로운 장면이 많다. 돌도끼로 짐승을 사냥하는 모습은 지금이라도 풀숲에서 막 뛰쳐나올 듯 사실적이다. 구석기인들이 살았던 움막집 내부에는 돌로 만든 각종 물품과 잠자리가 꾸며져 있는데 지금보다 단순하지만 소박한 멋이 있다.

허브빌리지는 사계절 다양한 허브향을 마음껏 맡으며 힐링할 수 있는 곳이다. 임진강이 내려다보이는 언덕에 서면 보랏빛 허브꽃들이 바람에 흔들린다. 특히 광활한 라벤더 꽃밭은 허브빌리지만의 자랑이다. 신비한 보라색 꽃망울이 춤출 때마다 짙은 향이 대지를 감싼다. 빌리지 산책로를 따라가다 보면, 라벤더 향기 가득한 무지개가든, 우아하고 세련된 파머스레스토랑, 허브를 즐기고 체험하는 공방, 천연 허브용품이 있는 허브숍이 방문객을 맞는다. 특히 허브찜질방은 자연 친화적으로 꾸며져 있어 인기가 좋다. 창밖으로 임진강이 보이는 산소휴게실은 향긋한 허브향이 풍겨 머리를 맑게 해준다. 일상에 지친 몸과 마음의 피로를 풀며 족욕을 즐길 수 있다.

---

info.

대중교통 서울 지하철 1호선 시청역-동두천역(1시간 20분 소요), 동두천역 1번 출구로 나와서 동두천역 정류장에서 3300번 버스 승차 후 한탄강관광지입구 정류장 하차(18분 소요) / 문의: 서울 지하철 1호선 시청역(02-6110-1321)

내비게이션 한탄강관광지(경기도 연천군 전곡읍 전곡리 640, 031-833-0030), 전곡선사박물관(경기도 연천군 전곡읍 평화로443번길 2, 031-830-5600), 허브빌리지(경기도 연천군 왕징면 북삼리 222, 031-833-5100)

어디서 묵을까 숙소는 한탄강관광지(031-833-0030) 내에 있는 빌리지를 이용하면 된다. 카라반과 캐빈하우스는 캠핑 장비가 없어도 편리하게 이용할 수 있다. 펜션은 전곡읍에 많이 분포되어 있는데, 선바위펜션(010-4324-3005)은 수영장을 갖추고 있고, 자전거를 빌릴 수 있어서 좋다.

무엇을 먹을까 연천군에 다양한 맛집이 있다. 한탄강에서 그날 잡은 민물고기만을 재료로 쓰는 불탄소가든(031-834-2770)이 유명한데, 텃밭에서 가꾼 농산물로 만든 밑반찬을 내놓는다. 한우 1+등급을 사용하는 백화원(031-832-1100)은 참숯과 어우러진 고기 맛이 일품이다.

문의: 연천군청 문화관광체육과(031-839-2147)

해남 땅끝오토캠핑장

땅끝이라는 상징성과 쾌적한 편의시설로 연중 인기가 많다. 온화한 남도의 바람 덕분에 겨울에도 늦가을 같은 날씨이다. 바다와 가까운 곳에 있고, 솔숲이 울창하여 해수욕과 삼림욕을 함께 즐길 수 있다.
문의: 땅끝오토캠핑장(061-530-5258)

(그밖의 대표적인 캠핑 여행지)

태안 학암포오토캠핑장

아름다운 태안해변에 들어선 최신식 캠핑장이다. 오토캠핑에 적합하도록 설계되었다. 국립공원관리공단이 조성해 편의시설이 좋고 저렴하다. 여름 캠핑의 최고 입지인 바닷가를 끼고 있어 해수욕과 캠핑을 동시에 즐길 수 있다. 카라반 사이트가 마련되어 전기와 수도를 편리하게 사용할 수 있다.
문의: 학암포오토캠핑장(041-674-3224)

단양 소선암오토캠핑장

물 맑은 계곡에서 편안하게 휴식하길 원한다면 이곳으로 떠나보자. 월악산국립공원에 속한 단양 소선암 계곡에 위치하여 멋진 절경이 캠퍼를 유혹한다. 캠핑장 앞 계곡은 사계절 내내 어린아이들의 신나는 놀이터가 된다. 인근 단양팔경 명소인 도담삼봉과 사인암 등을 함께 들러볼 수 있다.
문의: 소선암오토캠핑장
(043-423-0599)

럭셔리 캠핑의 진수
홍천 글램핑

머물고 싶은 여행

여행은 다니는 것이다? 아니 여행은 머무는 것이다? 왔다 갔다 반나절 이상을 소비하고, 여행지에서 여기저기를 돌아다니다 보면 해가 서산에 걸린다. 늦은 저녁을 먹고 다음 날 주섬주섬 짐을 챙겨서 몇 곳을 더 돌아다닌다. 그리곤 지친 몸을 패잔병처럼 집에 와서 쓰러진다. 이런 소비적인 여행이 싫을 때가 있다.

여행 고수들이 말하길 여행은 모름지기 여유와 치유라고 했다. 그렇다고 고급 리조트에서 한 달간 비비적거리며 시간을 보낼 순 없다. 긴 시간은 아니어도 나를 위해, 가족을 위해 여유를 선물할 수 있는 곳이 없을까?

글램핑(Glamping)이란 '화려하다'라는 뜻의 '글래머러스(Glamorous)'와 '야영'을 뜻하는 '캠핑(Camping)'을 조합해 만든 신조어로, 럭셔리한 캠핑을 의미한다. 일반 캠핑은 장비 구입과 설치, 철거, 보관 등의 어려움이 있지만, 글램핑은 필요한 모든 도구가 캠핑장에 갖춰져 있다. 캠핑은 즐기고 싶지만 불편함은 피하고 싶은 젊은 여성들에게 인기다. 고가의 장비를 당장 사지 않아도 된다는 점에서 캠핑 입문자들에게도 권할 만하다.

홍천 현대글램핑빌리지는 수도권에서 가깝다. 1시간 30분 안팎이면 도착한다. 홍천강이 빌리지 앞을 에두르고 있어 풍광 또한 그럴싸하다. 글램핑 카바나 25동, T/P텐트 1동, 펜션에서 캠핑을 즐길 수 있는 롯지 16동, 20m짜리 수영장과 야외 바비큐장, 캠프파이어존, 야외극장, 식당, 화장실과 샤워실 등 편의시설을 잘 갖추고 있다. 단체 워크숍 등에 사용할 수 있는 강당도 있다.

안락한 의자, 깨끗한 침대, 전자제품까지 갖춰 불편한 게 없는 글램핑

짧지만 길게 즐기는 주말 캠핑

"몇 시에 도착 예정입니다."라고 통보하면 주차장에 포터가 기다리고 있다. 카트에 짐을 싣고 숙소인 카바나까지 데려다준다. 알뜰살뜰 대접받는 기분이다.

캠프파이어존을 중심으로 자갈이 넓게 깔렸다. 그 위에 둥그렇게 카바나가 설치되어 있다. 천막이 기둥에 각을 잡고 묶여 있는데 제법 견고해 보인다. 무엇보다 하얀색 천막이어서 우아하고 고급스럽다. 아프리카 사파리에 온 기분이다. 내부시설은 아늑하다. 해가 비치는 날에는 천막에 나무 그림자가 그려지고, 비 오는 날에는 빗소리가 마음을 두드려 낭만의 호수로 데려갈 것 같다.

침대와 침구는 햇볕에 말려 뽀송뽀송하다. 지친 심신을 포근하게 감싸줄 것 같다. 산뜻한 햇볕 향기만 맡아도 기분이 상쾌해진다. 소파, 냉장고, 주방용품, TV, 인터넷까지 생활에 필요한 모든 비품이 준비되어 있다.

입구 앞에 놓인 안락의자는 머무는 여행이 무엇인지 체험할 수 있도록 한 배려이다. 등을 기댄 채 의자에 파묻히면 하늘이 지붕이 되고, 숲향이 방향제가 된다. 캠핑 초보들이 가장 어려워하는 게 화로에 불 피우기다. 이때는 직원들의 도움을 받으면 쉽게 해결된다. 능숙한 솜씨로 불을 피우는 모습을 보면 고마움을 넘어 존경심까지 생긴다. 저녁 바비큐에 필요한 음식 재료는 매점에서 판매한다. 물론 외부에서 사와도 된다. 저녁이 되면 캠프파이어를 위해 불을 지핀다. 야외 영화 감상도 색다른 추억이 될 것이다.

홍천강에는 카약, 카누, 래프팅, 낚시 등 물가에서 즐길 수 있는 레포츠가 많다. 굳이 뭘하기보다 빌리지 주위를 산책하며 여유를 즐기는 것만으로도 충분한 휴식이 될 거다.

홍천 이곳저곳 누비기

무궁화테마공원은 홍천 시민들의 휴식 공간으로 사랑받는 곳이다. 구한말 독립운동을 펼쳤던 우국지사를 기리기 위해 조성했는데, 여름 석 달 동안 계속해서 피고 지는 무

가을의 서정적 분위기와 어울리는 인디언텐트

캠프파이어 시설 중심으로 구축된 글램핑 카바나

산책코스로 좋은 홍천 공작산생태숲

궁화를 마음껏 볼 수 있다. 향토사료관에는
홍천군의 역사를 한눈에 볼 수 있는 자료가
전시되어 있다. 박물관 지킴이 어르신이 친
절하게 안내해준다.

무궁화마을에 왔으니 한서남궁억기념관에
도 들러보자. 한서 남궁억 선생은 일제 강점
기에 고종의 어전 통역관을 시작으로 궁내
부 토목국장, 독립협회 수석총무, 황성신문

독립운동가를 모신 한서남궁억기념관

사 초대사장 등을 맡으며 독립운동을 주도해 나갔다. 젊음을 온통 나라에 바친 선생은
50대에 고향에 돌아와 독립사상을 고취하기 위해 무궁화를 널리 보급하기 시작했다.
자신의 고향 모곡리에 학교와 교회를 세우고, 후학을 키우는 일에 생의 마지막을 바쳤
다. 그의 흔적들이 기념관과 한서중학교, 옛 모곡교회당, 한서교회 등에 고스란히 남아
있다.

공작산생태숲은 기존 숲을 보전하면서 생태계 관찰을 할 수 있도록 꾸며졌다. 숲 해설
안내를 신청하면 숲 구석구석의 진면모를 1시간 30분에 걸쳐 설명해준다. 드문드문 멋
지게 자란 소나무 아래에는 어김없이 맥문동을 심어 놓았다. 향기를 풍풍 뿜어대며 보
랏빛 자태를 뽐내는 꽃들이 지천이다. 자생화원에는 산작약, 옥잠화, 은방울, 원추리
등 지피 식물류가 심어져 있다.

> **info.**

대중교통   상봉시외버스터미널-금강고속양덕원터미널(1시간 50분 소요), 양덕원 터미널에서 71번 버스 승차 후 한서상회
　　　　　 정류장 하차(1시간 9분 소요) / 문의: 상봉시외버스터미널(02-323-5885), 양덕원터미널(033-432-4102)

내비게이션 현대글램핑빌리지(강원도 홍천군 서면 밤벌길19번길 111, 1661-5503), 무궁화공원(강원도 홍천군 홍천읍
　　　　　 연봉리, 033-430-2651), 한서남궁억기념관(강원도 홍천군 서면 한서로 667, 033-430-4488),
　　　　　 공작산생태숲(강원도 홍천군 동면 수타사로 409, 033-430-2451)

어디서   사계절 레저파크로 유명한 비발디파크(1588-4888)는 편의시설을 잘 갖춘 객실동을 함께 운영한다. 그중
묵을까   체리동이 인기가 높다. 마리안느펜션(033-433-2468)은 유럽의 작은 성처럼 보여 이색적이다. 외관이 무척 넓고
　　　　　 아름다워 웨딩촬영 장소로도 자주 이용된다.

무엇을   양지말화로구이(033-435-7533)는 고추장삼겹살로 입소문이 났다. 숯불에
먹을까   양념한 고기를 구워 먹는데 적당히 매콤하면서 숯불향이 입맛을 당긴다.
　　　　　 토속한정식샘터골(033-432-4242)은 칼칼한 맛의 청국장이 맛있다.
　　　　　 고향에서 직접 기른 야채들로 만든 10여 가지 반찬이 나온다. 청국장과 각종
　　　　　 나물을 넣고 보리밥에 비벼 먹는 맛이 일품이다.

청국장

　　　　　 문의: 홍천군청 문화관광과(033-430-2471~2)

거제 트로피칼드림

건축미를 추구하는 건축사가 지은 카라반 글램핑장. 카라반은 일반 텐트에 비해 방음 효과가 우수하다. 때문에 조용한 시간을 보내고 싶은 연인, 가족들에게 권한만하다. 일반 카라반이나 글램핑에서 경험할 수 없는 고급스러움에 여성들의 만족도가 높다. 거제도 바다가 내려다보이는 탁 트인 전망도 이곳의 매력이다. 럭셔리 스파펜션도 함께 운영한다.

문의: 트로피칼드림(055-681-5550)

그밖의 대표적인 글램핑 여행지

금산 이지글램핑

정말 아무것도 필요 없이 몸만 오면 된다. 완벽한 글램핑 시설은 물론 바비큐 세트까지 준비되어 있어 주문만 하면 된다. 고기와 수제 소시지가 무한리필이다. 조식 서비스도 가능하다. 향기로운 와인과 함께하는 아웃도어 스파도 이곳만의 특별한 매력이다. 이지글램핑 휴게실에는 각종 재미있는 게임 기구들이 가득해서 잠시도 심심할 틈이 없다.

문의: 이지글램핑(041-752-6377)

양평 산음캠핑

수도권 인근이어서 접근성이 좋다. 캠핑장이 있는 산음리 마을이 산간에 있어서 공기가 좋고, 글램핑 하기에 좋은 조건을 갖추고 있다. 여름에는 수영장을 개장하며, 겨울에는 15분 거리에 있는 비발디파크 스키장을 이용할 수 있다. 모든 캠핑 장비가 완비된 객실 외에도 미니 도서관과 아이들 놀이 공간이 있어 가족 단위로 찾기 좋다.

문의: 산음캠핑(031-772-3054)

정선 스카이워크
VS
삼척 해양레일바이크

몸으로 체험한 여행은 시간이 지나도 잊히지 않는다. 일상에서
느낄 수 없는 짜릿한 쾌감을 맛본다면 더욱 강하게 각인될 것이다.
남녀노소 누구나 즐겁게 몸을 싣는 레일바이크와
80m 상공을 나는 스릴 만점 짚와이어가 당신 앞에 놓여있다.
평생 잊을 수 없는 액티비티를 경험하고 싶다면 도전해 보자.

스카이워크↑

해양레일바이크↓

타고 나면 또 생각난다
정선 스카이워크

하늘을 걷는 신선이 되다

강원도 정선은 오지다. 첩첩산중 깊은 골에는 사람의 손때가 묻지 않은 천혜의 경관이 숨어 있다. 그 은밀한 세계를 하늘에서 엿볼 수 있다면 어떨까?

발칙한 상상은 하늘 걷기에 이르렀다. 정선 병방치에 가면 상상이 현실이 된다. 스카이 워크(Sky Walk)는 583m의 절벽 끝에 돌출된 길이 11m의 U자형 구조물이다. 바닥을 투명한 안전유리로 마감하여 그 위에 올라서면 아찔한 기분이 절로 든다. 발걸음을 조심스럽게 옮기며 직접 안전한지 확인하고 나서야 안도의 한숨을 내쉰다.

'휴~'하는 깊은 숨소리와 함께 '윙~윙~'하는 바람 소리가 몸을 휘감는다. 전망대가 절벽에서 튀어나온 탓에 바닥에서 바람이 불어온다. 눈앞에 펼쳐진 풍경이 장관이다. 거인의 목젖처럼 대롱대롱 매달린 산맥을 에둘러 흐르는 강줄기의 모습이 한반도 지형을 닮았다.

스카이워크를 체험하고 나면 흥미진진했던 4D 영화마저 시시해진다. 발아래 천 길 낭떠러지가 있고, 눈앞에는 원시의 모습을 잃지 않은 동강과 거침없이 달려온 산맥이 어울려 펼쳐진다. 상쾌한 바람을 맞으며 투명 유리 위를 걷는 기분은 경험하지 않고는 절대 알 수 없다. 구름이 낮게 깔리는 날에는 신선이 된 기분마저 든다.

아찔한 스카이워크의 투명 유리 ↑

스카이워크 아래로 보이는 한반도를 닮은 밤섬 ↓

두둥실 공중을 나는 짚와이어 ↑

밤섬을 향해 낙하하는 짚와이어 ↓

짚와이어, 바람의 소리를 듣다

스카이워크 위쪽에는 짚와이어(Zip Wire) 체
험장이 있다. 출발점인 병방산 정상에 서면
먼저 높이에 압도당한다. 아래 착지점까지
325.5m. 짚와이어로서는 세계에서 가장 높
은 곳에 설치되어 있다. 바람을 막아주는
시설이 없다 보니 체감 높이는 그 이상이다.

낙하하는 탑승객을 기다리는 안전요원들

짚와이어는 하늘을 난다는 점에서 패러글라이딩과 줄에 매달려 뛰어내린다는 점에서는
번지점프와 비슷하다. 즉, 두 레포츠의 장점을 결합한 것이다. 키 134cm 이상이면 누구
나 도전할 수 있다.

안전 장비를 착용하고 출발대에 서면 공수부대원이 된 것처럼 비장해진다. 해발 607m
의 아찔한 높이에서 외줄에 의지한 채 날아갈 생각을 하니 오금이 저리다. 머릿속이 흰
도화지처럼 하얗게 변한다. 바람도 거세다. 의지할 거라고는 오직 생명줄인 안전장치뿐
이다. 기린처럼 목을 길게 뽑아 아래를 내려다보면 한숨만 깊어진다.

드디어 낙하할 준비 완료. 진행요원이 "셋, 둘, 하나, 안전문 개방!"을 외치자 안전문이
열린다. 생각지도 못했던 비명이 터진다. 순간 공중에 매달린다. 비명이 병방산 주변에
메아리친다. 몇 초가 지났을까. 하늘을 날고 있는 나를 발견한다. 한 마리 새가 된 기분
이다. 공중에서 부는 바람소리를 이렇게 가깝게 들을 수 있다니 상상 이상의 즐거움이
다. 과속(시속 70~120km)의 짜릿함이 온몸으로 느껴진다.

정선 이곳저곳 누비기

삼탄아트마인은 1964년부터 38년간 명맥을 유지해온 삼척탄좌 정암광업소가 2001년

예술 공간으로 부활한 삼탄아트마인

미니어처 연탄

폐광한 뒤, 2013년 5월에 문을 열었다. 석
탄박물관 등 탄광민의 생활상을 재현해 놓
은 박물관은 여럿 있으나 이곳처럼 원형을
고스란히 갖춘 곳은 드물다. 실제 탄광업
소의 시설을 그대로 전시했다는 점이 감동
적이다. 전시 작품들이 수시로 교체될 만큼
소장 작품이 많으며, 신진 작가들의 활동도

정선오일장을 대표하는 곤드레

발 빠르다. 삼척탄좌 40년 역사가 고스란히 보존된 전시실도 있다. 광부들이 사용하던
샤워장, 작업화를 씻던 세화장을 전시실로 꾸민 마인갤러리는 이곳에서만 볼 수 있는
독특한 작품들로 채워졌다.

정선오일장은 먹을 것이 풍성하다. 인기 있는 음식 중에 콧등치기가 있는데, 면이 쫄깃
쫄깃하고 탄력이 좋아 후루룩 빨아들이면 면발이 콧등을 친다고 해서 붙여진 이름이다.
곤드레나물밥은 정선 지역민들이 쌀이 부족하던 시절에 먹던 음식이다. 곤드레는 밥에
넣든 국을 끓이든 모나지 않고 조화롭게 어울려 정선 사람들의 식탁에 빠지지 않고 올
라왔다. 그 외에도 올챙이국수, 감자옹심이 등 특이한 이름의 먹거리가 발길을 붙잡는
다. 장날 구경에 빼놓을 수 없는 볼거리도 있다. 끝자리 2, 7일마다 〈아리랑〉 공연이 약
식으로 펼쳐진다. 운이 좋으면 지역 주민들이 펼치는 색다른 공연도 관람할 수 있다.

info.

대중교통   동서울종합터미널-정선시외버스터미널(3시간 30분 소요), 정선시외버스터미널에서 농어촌버스 승차 후 농협
정류장 하차(11분 소요) / 문의: 동서울종합터미널(1688-5979), 정선시외버스터미널(033-563-9265)

내비게이션   아리힐스리조트(강원도 정선군 정선읍 봉양7길 34 정선농협, 033-563-4100),
삼탄아트마인(강원도 정선군 고한읍 함백산로 1445-44, 033-591-3001),
정선오일장(강원도 정선군 정선읍 봉양7길 39, 033-563-6200)

**어디서
묵을까**   정선통나무집펜션(010-4213-6975)은 네티즌이 뽑은 머무르고 싶은 곳 베스트 1위에 올랐다.
통나무와 황토 자재로만 지은 친환경 펜션이다. 원룸 형태로 주방, 욕실 등 생활에 필요한 집기들이 잘
갖춰져 있다. 비수기 주말 2인실이 6만 원으로 저렴한 편이다. 자연 속 통나무집에서 하룻밤을 보낼 수 있는
가리왕산휴양림(033-562-5833)도 좋다.

**무엇을
먹을까**   정선을 대표하는 약재가 황기이다. 황기는 활력을 회복하는 데 매우
좋은 약재로 알려졌다. 귀한 손님이 오면 대접한다는 황기백숙은
삼거리쉼터식당(033-562-5190)이 유명하다. 정원광장(033-378-
5100)에서는 곤드레비빔밥을 먹고 나면 곤드레밥 누룽지를 내놓는다.

황기백숙

문의: 정선군청 관광문화과(033-560-2363)

©자나라인

남이섬짚와이어

남이섬 가평 선착장 80m의 타워에서 와이어로프를 이용해 자라섬 방향으로 640m, 남이섬 방향으로 940m 활강하는 아시아 최대 규모의 라이딩 시설이다. 선착장을 중심으로 자라섬과 남이섬 사이에 하늘길이 열린다. 짚와이어를 체험하면 남이섬에서 나오는 뱃삯이 무료다.

문의: 남이섬짚와이어(031-582-8091)

그밖의 대표적인 짚와이어 여행지

거제 덕포아라나비

국제펭귄수영축제가 열리는 덕포해수욕장에 가면 한 마리 나비가 되어 바다를 횡단할 수 있다. 덕포아라나비는 국내 최초로 17m 높이에서 왕복 800m를 헤엄치듯 날 수 있게 했다. 어린아이도 부모와 함께 탑승할 수 있다. 안전 장비를 완벽히 갖추고 진행하기 때문에 안전하다.

문의: 덕포아라나비(055-688-2351)

평창 어름치마을 스카이라인

훼손되지 않은 천혜의 아름다움을 간직한 어름치마을. 스카이라인은 마을 야산 중턱에 있는 점프대에서 250m를 날아 마하천 건너편에 착륙한다. 하강 구호와 함께 약 15초 정도 줄에 매달려 하늘을 날다 보면 더위는 물론 일상의 스트레스까지 순식간에 날아간다. 외줄에 매달려 11m 공중에서 떨어지는 스카이점프도 심장을 두근두근하게 한다.

문의: 어름치마을(033-332-1260)

짙푸른 동해와 함께 달린다
삼척 해양레일바이크

탁 트인 해안을 달려라

"두 팔 머리 위로~, 소리 질러~" 신나게 페달을 밟다 보면 저절로 나오는 소리다. '오픈 열차를 타고 곰솔숲과 해안 절경, 현란한 조명터널을 달린다!' 상상만 해도 기분이 좋아진다.

삼척 해양레일바이크는 이름에서 알 수 있듯 삼척의 빼어난 해안 절경을 따라 달리는 레일바이크다. 궁촌해변에서 용화해변까지 5.4km 구간이다. 삼척을 대표하는 액티비티인지라 최고의 호가를 자랑한다. 눈치 빠른 당신은 금방 알아차렸을 거다. 예매가 빨라야 함을. 실제로 주말 탑승을 원한다면 예매를 서둘러야 한다. 예매는 인터넷(www.oceanrailbike.com)으로만 가능하다. 비수기 주중에는 현장 발권도 노려볼 만하다. 예매 후에는 출발역을 어디로 했는지 꼭 확인해두어야 낭패를 보지 않는다. 출발역은 궁촌역 또는 용화역이다. 자가용 이용객을 위해 궁촌역과 용화역 사이에 무료 셔틀버스가 다닌다.

바이크는 사계절 달린다. 겨울이나 비 오는 날에는 비닐을 둘러 추위와 비바람을 막는다. 그 외의 경우에는 햇볕을 가리는 지붕만 있다. 쌀쌀한 날에는 보온을 위해 무릎 담요 등을 챙기면 좋다. 2인승과 4인승이 있는데, 달리는 동안 오롯이 둘만 함께하고 싶

해안선을 따라 달리는 해양레일바이크

겨울에는 비닐막을 쳐 추위를 막아주는 레일바이크

드넓은 바다, 그곳에서 시원한 바람이 불어온다.

초곡 2터널의 화려한 레이저쇼

바람이 자전거 페달 돌리느라 흘린 땀을 식혀준다.

용화터널을 장식한 이색 조명

은 당신이라면 2인승을 선택하자. 4인승은 차체가 크고 무거운 만큼 다리 운동은 각오
해야 한다.

둘만의 오붓한 시간 보내기

레일바이크가 궁촌역을 출발한다. 첫 페달을 밟는 다리에 힘이 들어가지만, 가속도가
붙자 힘들이지 않아도 스르르 미끄러지듯 달린다. 좌우에 늘어선 소나무가 솔향을 내
뿜으며 개선장군을 맞듯 환영한다. 일반 소나무보다 잎이 억센 곰솔이다. 줄기 껍질이
거무칙칙해서 흑송이라고도 부른다. 바다향과 솔향이 버무려져 기분이 상쾌하다.
500여m의 곰솔숲을 지나자 드넓은 바다가 나타난다. 동해 특유의 짙은 에메랄드빛이
눈을 시원하게 한다. 수평선에서부터 밀려오는 파도가 해안에 닿자 하얀 물거품을 일으
키며 부서진다. 창공을 가르는 갈매기의 날갯짓도 힘차다. 눈길 닿는 곳마다 마음을 빼
앗길 만큼 절경이다. 바다 풍경에 익숙해질 무렵 휴게소에 닿는다. 간이 정거장 개념으
로 꾸며 놓은 초곡휴게소다. 10분 정도 휴식 시간이 주어진다. 조각상과 함께 바다를 배
경으로 기념 촬영을 하거나 매점에서 주전부리를 즐겨도 좋다.
다시 출발. 이번에는 초곡 1터널이 기다린다. 터널 입구에 '몬주익의 영웅 황영조'라는
글귀가 선명하다. 터널 안은 황영조를 테마로 꾸며졌다. 초곡 2터널에서는 화려한 레
이저쇼가 펼쳐져 눈이 휘둥그레진다. 현란한 조명쇼가 가슴을 들뜨게 한다. 물 좋은
강남 클럽에서 불금을 즐기는 젊은이들처럼 소리도 질러보고 노래도 불러본다. 이어
마지막은 용화터널이다. 바닷속 생물과 지역 축제 등을 테마로 꾸며 놓았다.

간이정거장인 초곡휴게소

성내동성당의 스테인글라스

시속 15~20km의 속도로 1시간을 달리는 동안 스트레스 수치는 떨어지고, 쾌감 수치는 높아진다. 무엇보다 당신과 함께해서 잊지 못할 추억이 된다.

삼척 이곳저곳 누비기

동해안 낭만가도는 통일전망대가 있는 고성에서 시작한다. 바다와 이야기를 주고받으며 달리다 보면 동해와 삼척이 어깨를 맞댄 삼척해수욕장에 닿는다. 넓고 깨끗한 백사장과 울창한 송림, 얕은 수심으로 여름 피서객들이 즐겨 찾는 곳이다. 주말에만 운영하는 청량리발 '환상의 해안선기차여행'의 종착지이기도 하다. 차로 조금만 더 달리면 비치조각공원과 소망의 탑을 볼 수 있는 새천년해안도로가 이어진다.

자동차로 5분 거리에 있는 성내동성당은 알려지지 않은 명소이다. 1949년에 설립된 이 성당은 영동 지역을 대표하는 성당 중 하나이다. 성당 건물은 장식적 요소를 철저히 배제해 절제미가 돋보인다. 소박한 외관에서 정갈한 멋스러움이 느껴진다. 현재 대한민국 근대문화유산 문화재로 등록되어 관리되고 있다. 가까운 곳에 동굴신비관과 삼척박물

관동 8경의 으뜸으로 꼽히는 죽서루

관 등이 있으니 잠시 둘러봐도 좋다.

관동 8경으로 손꼽히는 죽서루 앞에는 3백 년 된 회화나무가 위용을 뽐낸다. 사시사철 푸른 잎과 곧은 절개를 간직한 대나무가 죽서루에서 시와 문학을 논했을 선비들을 연상시킨다. 자연과 어우러진 절대적인 조화미가 뛰어나서일까. 송강 정철은 죽서루와 오십천을 《관동별곡》에 언급하면서 '죽서루에서 내려다보는 오십천과 강 건너에서 바라보는 죽서루, 절벽부의 경관이 매우 뛰어나다'고 격찬했다. 허진호 감독 역시 영화 〈외출〉의 촬영지로 죽서루를 선택했다.

info.

대중교통 동서울종합터미널-임원종합버스터미널(3시간 40분 소요), 임원3리 정류장에서 24번 버스 승차 후, 궁촌1리 정류장 하차(50분 소요) / 문의: 동서울종합터미널(1688-5979), 임원종합버스터미널(033-572-5266)

내비게이션 삼척해양레일바이크(강원도 삼척시 근덕면 공양왕길 2, 033-576-0656), 추암해수욕장(강원도 동해시 북평동, 033-530-2234), 성내동성당(강원도 삼척시 성당길 34-84, 033-574-2273), 죽서루(강원도 삼척시 성내동 9-3, 033-570-3670)

어디서 묵을까 펠리스호텔(033-575-7000)과 삼척온천관광호텔(033-573-9696) 등이 규모가 크고 시설이 좋다. 시내 중심에 모텔이 많아 숙박에는 문제가 없다.

무엇을 먹을까 곰치를 남해안 쪽에서는 물메기라고 한다. 곰치국은 조선 시대부터 널리 먹던 음식으로 정약전의 《자산어보》에는 '맛이 순하고 술병에 좋다'고 기록되어 있다. 삼척항에는 곰치국을 전문으로 하는 식당이 어림잡아 20여 곳 영업 중이다. 가격은 1만3천 원에서 1만5천 원 선이고, 맛은 대동소이하다.

문의: 삼척시청 관광정책과(033-570-3530)

곰치국

©남진우

정선 레일바이크

정선은 우리나라 레일바이크의 원조이다. 철길 따라 흐르는
아름다운 정선의 풍경을 즐길 수 있다. 레일바이크 종류는 2인승과
4인승이 있는데, 내리막 코스가 많아 별다른 힘을 주지 않아도 쉽게
굴러간다. 구절리역을 출발하여 아우라지역까지 7.2km. 시속
15~20km의 속도로 가면 40분 정도 소요된다. 정선풍경열차를
이용해서 구절리역으로 돌아오면 된다. 인터넷에서 예약하고 가야
기다리지 않고 바로 탈 수 있다.

문의: 정선레일바이크(033-563-6050~3)

문경 철로자전거

20년 전 석탄을 나르던 철로가
문경철로자전거로 거듭났다.
경북8경 중 제1경으로 꼽히는
진남교반을 거쳐 문경의 산과
터널을 달리며, 봄에는 벚꽃길,
여름에는 울창한 신록을 즐길
수 있다. 문경새재유스호스텔,
청소년수련관, 불정자연휴양림
숙박자는 할인 요금으로
이용할 수 있다.

문의: 진남역(054-553-8300),
가은역(054-572-5068)

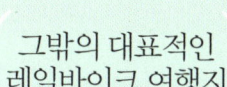
그밖의 대표적인 레일바이크 여행지

춘천 레일바이크

70년간 달려온 추억과 낭만의
경춘선 열차가 멈춰선 그곳에
레일바이크가 들어섰다.
《봄봄》, 《동백꽃》 작가의
이름을 딴 김유정역에서
출발하는 레일바이크는
강촌역에 도착한다. 대합실이
작고 예쁜 경강역은 출발
지점으로 다시 돌아오는
코스에 있다.

문의: 강촌 레일바이크
(033-245-1000~2)

부산 이기대해안산책로
VS
괴산 산막이옛길

여름에 걷기 좋은 길이 있다. 해변길과 호수변길이 그렇다.
바닷바람에 몸을 맡기고 싶다면, 기기묘묘한 해안 절벽의 아찔함을
즐기고 싶다면, 장쾌한 바다를 바라보고 울적함을 날려버리고 싶다면
해변 걷기가 좋다. 반면 평안의 쉼터로 마실 가고 싶다면,
태양을 피해 아늑한 곳을 찾고 싶다면, 나를 들여다보는 사색을
원한다면 호수변 걷기가 좋다.

이기대해안산책로↑

산막이옛길↓

걷다가 바다의 매력에 풍덩 빠지다
부산 이기대해안산책로

오륙도 돌아가는 연락선이 보인다

부산은 여름에 가장 핫한 도시다. 뜨거운 태양만큼 해변 백사장의 열기도 대단하다. 하와이 와이키키해변과 한판 붙어도 전혀 뒤지지 않는다. 해변 못지않게 걷기 좋은 길이 부산 갈맷길이다. '갈매'는 부산의 상징 갈매기와 짙은 초록색인 '갈매빛', 두 가지 의미가 있다. 해안길, 내륙숲길, 도심길을 포함한 총 9개 코스로 264km의 순환형이다.

갈맷길 2코스 중 2구간인 이기대해안산책로는 오륙도 해맞이공원에서 동생말전망대까지 5.2km 구간이다. 걷는데 2시간 30분 정도 걸린다.

이기대해안산책로는 오륙도를 가까이에서 볼 수 있는 용호동 오륙도스카이워크에서 출발하는 게 좋다. 비교적 내리막이 많아서 걷기 수월하다. 오륙도스카이워크는 2013년에 개장, 무료로 운영한다. 스카이워크에 서면 방패섬, 솔섬, 수리섬, 송곳섬, 굴섬, 등대섬의 오륙도가 선명하게 보인다. 주말에는 5천 명 이상이 찾을 만큼 유명하다. 전용 덧신을 신고 투명 유리판에 발을 디디면 천릿길 낭떠러지가 발아래 펼쳐진다. 순간적으로 아찔하다. 짓궂은 바람이 스카이워크를 한바탕 흔들고 가면 심장 박동이 빨라진다. 어린아이의 꼭 다문 입에서 "엄마야~"가 고무풍선 바람 빠지듯 자동반사적으로 터져 나온다. 해안가로 내려가면 간이 어판장이 열리는데, 부산 해녀가 직접 잡은 싱싱한 해산물이 직거래된다. 주당들은 소주의 유혹을 뿌리치기 힘든 곳이니 주의할 것.

향긋한 피톤치드를 들이마시다 보면 탁 트인 이기대가 보인다.

어디서 어떻게 보아도 절경이다.

오빠야, 이기대 억수로 좋데이

오륙도스카이워크를 체험한 뒤 본격적으로 이기대해안산책로에 들어선다. 절벽을 따라 걷다 보면 감탄사가 절로 나온다. 가파른 곳엔 계단, 평평한 곳엔 나무 데크를 설치해 걷기 좋다. 목적지인 동생말 전망대가 보이기 시작하면 오륙도가 작별을 고하고, 해운대 동백섬이 반갑다고 인사를 건넨다.

해안과 접한 오솔길을 따라 한 시간쯤 걸으면 이후부터 산속 숲길이 이어진다. 향긋한 피톤치드를 들이마시다 보면 탁 트인 이기대가 나온다. 임진왜란 때 수영성을 함락한 왜군들이 이곳에서 승리를 자축하는 연회를 열었다. 그때, 기생 두 명이 왜장을 끌어안고 뛰어내렸다고 한다. 이후부터 이곳을 이기대라 부른다. 그만큼 바다가 험하고 절벽이 가팔라 위험하다. 영화 〈해운대〉가 이곳에서 촬영된 뒤로 많은 사람이 찾고 있다. 광안대교와 광안리 일대의 고층빌딩이 한눈에 들어온다. 각종 문화 공연이 열리면서 '어울마당'이라는 별명도 얻었다. 공연을 관람할 수 있도록 바다를 향해 관람석이 설치되어 있다. 이후부터는 거의 평평한 산책로가 동생말까지 이어진다. 한때 해녀들이 옷을 갈아입고 쉬었다는 해녀동굴과 해녀막사를 지나면 5개의 현수교와 데크길이 꼬리에 꼬리를 물고 나타난다.

드디어 도착한 동생말전망대. 광안대교의 위풍당당한 모습이 한눈에 들어온다. 깜깜해지면 광안대교의 화려한 야경과 밤바다의 오붓함을 즐기려는 연인들이 많이 찾는다.

부산 이곳저곳 누비기

부산을 방문한 여행자에게 광안대교는 놓칠 수 없는 명물이다. 낮에는 귀부인의 진주목걸이처럼 우아한 매력을 뽐내고, 밤에는 다이아몬드처럼 고귀한 존재로 변신한다. 국내 최초 해상 복층 현수교인 광안대교는 건설 당시 광안리해변의 풍광을 해친다는 이유로 거센 비난을 받았다. 그러나 이제는 누가 뭐래도 부산 제일의 랜드마크이다. 야간에 켜지는 10만 개에 달하는 형형색색의 LED 조명이 빛의 파노라마를 연출한다. 매년 10월에 서울세계불꽃축제에 버금갈 정도로 화려한 부산불꽃축제가 광안리해변에서 열린다.

UN기념공원은 세계 유일의 유엔군 묘지로 세계 평화와 자유를 위하여 목숨을 바친 유엔군 장병들이 잠들어 있다. 공원 내에는 각국 정부에서 보내온 기념비가 있다. 추모관에서 15분간 상영되는 홍보 동영상은 한국 전쟁과 유엔군의 활약상을 보여준다. 오리와 거위들이 활보하는 외부 정원은 계절이 바뀔 때마다 화려한 꽃들로 옷을 갈아입어

오륙도스카이워크에서 바라본 바다 풍경

부산 제일의 랜드마크, 광안대교

영도의 으뜸 경관인 신선대

나들이 장소로 손색 없다.

절대 비경이 있는 곳이면 으레 신선대라는 이름이 붙는다. 부산 신선대도 예외는 아니다. 부산의 상징 오륙도 근처로 여행 갔다면 인근 신선대를 꼭 들러보자. 신선대전망대에 오르면 1797년 영국의 브로우턴 함장과 승무원들이 처음 이곳에 온 날을 되새기는 200주년 기념비가 있다. 전망 또한 기대 이상이다. 감만동 화물컨테이너 부두, 태종대, 영도, 해운대, 부산항대교 등 부산의 유명 뷰포인트 중 절반 이상을 볼 수 있다.

info.

대중교통 서울고속버스터미널-부산서부버스터미널(4시간 30분 소요), 부산 지하철 2호선 사상역에서 지하철 승차 후 못골역에서 하차, 3번 출구로 나와서 못골시장 정류장에서 27번 버스로 환승, 오륙도SK뷰아파트후문 정류장 하차 / 문의: 서울고속버스터미널(1688-4700), 부산서부버스터미널(1577-8301)

내비게이션 이기대도시 자연공원(부산광역시 남구 용호3동 산25, 051-607-6361), 광안대교(부산광역시 수영구 광안동, 051-780-0077), UN기념공원(부산광역시 남구 대연4동 799, 051-625-0625), 신선대(부산광역시 남구 용당동, 055-639-3000)

어디서 묵을까 광안리해변에 자리한 1등급 돈비치관광호텔(051-752-3210)은 바다를 내려다보며 히노키탕을 즐길 수 있다. 목조 바닥 발코니에서 바라보는 저녁노을이 아름답다. 해운대와 광안리 중간에 있는 유토피아관광호텔(051-757-1100)은 지하철 2·3호선 환승역 근처에 있어 주요 관광지로 쉽게 이동할 수 있다.

무엇을 먹을까 언양불고기(051-752-9922)는 부산 광안리에서 개업한 지 20년이 넘었다. 불고기, 소금구이 등 오랫동안 부산 시민의 외식을 책임져온 곳이다. 나랏소(051-628-8814)에서는 1+등급 이상의 최고급 한우를 맛볼 수 있다. 생대나무 불판 위에 구워 향긋하다.

언양불고기

문의: 부산광역시 관광마이스과(051-888-5215), 부산관광안내(1330)

울릉도 행남해안산책로

울릉도는 자연의 순수함이 남아 있는 아름다운 섬이다. 저동과
도동을 이어주는 행남산책로에서는 울릉도의 자연을 마음껏
즐길 수 있다. 저동항 촛대바위에서 시작된 길은 기암괴석과 푸른
태평양의 물결로 이어진다. 길과 길을 잇는 색색의 무지개다리와
57m의 꽈배기 철계단, 행남등대 등 곳곳에 비경이 숨어 있다. 편도
2.6km로 도동항 입구에 다다르면 꿈결 같은 해안 산책이 끝난다.
문의: 행남해안산책로(054-790-6392)

(그밖의 대표적인
해안 산책 여행지)

태안 노을길

아름다운 낙조를 바라보며 걷는 태안 노을길이 인기다.
활기 넘치는 대하 집산지 백사장항을 출발하여 솔향 가득한
삼봉사색의 숲을 거쳐 간다. 약자를 위한 배려인 기지포천사길을
지나 해안 습곡을 관찰할 수 있는 두여전망대를 거치면 노을길의
하이라이트 꽃지해변에 다다른다. 할미·할아비바위가 정답게
맞아주는 이곳에서 찬란한 노을을 만난다면 최고의 시간이 될
것이다. 백사장항에서 꽃지해변까지의 거리는 12km로, 3시간
40분 정도 걸린다. 문의: 태안군청 문화관광과(041-670-2114)

변산반도 마실길

아름다운 서해안의 갯벌을 보며 쉬엄쉬엄 노닐듯이 걷는 길이다.
총 10코스가 개발되어 있으며, 새만금방조제, 변산해수욕장,
붉은빛의 암석이 위용을 자랑하는 적벽강, 수만 권의 책을 쌓아
놓은 듯한 채석강 등 명소를 두루 거쳐 아기자기한 해안선과
마을길을 돌아 나온다.
문의: 부안관광안내소(063-580-4434)

호수의 평안함을 가슴에 담다
괴산 산막이옛길

산이 막아선 자리에 물까지 막아서 생긴 마을

여유롭게 걷고 싶다면 일찍부터 서둘러야 한다. 서둘 이유와 가치는 충분하다. 산골짜기 마을에 잘 닦인 도로와 넓은 주차장이 있는 것만 봐도 알 수 있다.

옛길이 있는 산막이마을은 산이 막아선 마을이다. 불과 몇 해 전까지만 해도 사람들의 발길이 뜸했다. 오죽하면 조선 시대 유배지였을까. 산막이마을은 열 가구가 채 안 되는 작은 마을이다. 1957년 순수 우리 기술로 준공한 최초의 댐인 괴산댐이 건설되면서 마을 앞 달천이 호수로 변했다. 결국, 산이 막아선 곳에 물까지 막아섰으니 완벽한 오지가 된 셈이다. 댐이 생기기 전까지 주민들은 달천(달래강)에 돌다리와 섶다리를 놓아 세상과 소통했다. 그러나 괴산댐 건설로 인해 주민들은 나룻배로 달천을 건너거나 궁여지책으로 아슬아슬한 벼랑길을 걸어 다녀야 했다.

건너고 나면 성취감이 드는 출렁다리

약수터가 있는 쉼터

산막이옛길에서 만난 토끼

옛길은 사오랑이마을에서 산막이마을로 이어지는 4km 구간의 산길이다. 쉽게 다닐 수 없던 길에 나무 데크와 임도가 놓이면서 안전은 물론 옛길의 정취까지 되살아났다. 달천을 끼고 걷는 수변 산책로는 대부분 원형을 유지해서 조성했다.

들머리에서 임도를 따라 10여 분 걸어가면 연리지가 나타난다. 이어 소나무동산이라 불리는 울창한 소나무숲이 모습을 드러낸다. 수령이 40년 이상 된 소나무가 1만 평의 너른 땅에 군락을 이뤘다. 언덕 중간에 벤치, 그네, 해먹 등 쉬어갈 수 있는 시설이 여럿 있다. 송림이 주는 편안함에 떠나기 싫을 정도다.

아기자기한 매력 덩어리 산막이옛길

야트막한 언덕에 올라서면 유격 훈련장에나 있을 법한 출렁다리가 도전해보라며 유혹한다. 중심 잡기가 어려운지 여성 탐방객들이 잔뜩 긴장한 채 발걸음을 옮긴다. 제법 긴 구간이라 완주하고 나면 묘한 성취감이 밀려온다. 구름다리 건너편에 남녀가 뜨겁게 사랑을 나누는 모습을 닮은 '정사목'이 있다. 상상하기에 따라 낯이 붉어질 수도 있다. 연리지가 플라토닉이라면 정사목은 에로스에 가깝다.

이외에도 26가지의 아기자기한 볼거리가 길목 곳곳에 있다. 풍경이 좋은 곳은 망세루와 호수전망대. 망세루는 남매바위 위에 자리한 누각으로 비학봉, 군자산, 옥녀봉 등의 산세와 괴산호를 조망할 수 있다. 호수전망대는 산막이옛길에서 자연미가 돋보이는 곳으로 손꼽힌다. 더하여 40m 절벽 위에 세워져 독특한 분위기를 자아내는 고공전망대도 챙겨볼 만하다.

이색적인 볼거리로는 1968년까지 호랑이가 실제로 살았다는 호랑이굴, 여름에 소나기를 피하거나 더위에 지칠 때 잠시 들어가면 금방 시원해지는 여우비 바위굴, 괴산을 상징하는 '메 산(山)'자를 닮은 괴산바위 등이 있다.

산이 높은 편은 아니지만 등산로가 꽤나 가파르고 낭떠러지가 많아 위험하다. 항상 주위를 살피며 올라가야 한다. 등산 코스는 노루샘에서 등잔봉, 한반도전망대, 진달래동산을 거쳐 내려오는 2.9km 구간(2시간 30분)이 안전하고 걷기 좋다. 한반도전망대에서는 괴산댐과 달천, 한반도 지형을 닮은 특급 전경을 볼 수 있으니 꼭 한번 찾아가볼 것. 돌아올 때는 출발지인 차돌바위나루까지 나룻배를 타도 된다. 나룻배는 수시로 운항하며 편도 요금은 어른 기준 5천 원, 운항 시간은 12분 정도다.

9개의 절경으로 이뤄진 화양구곡

가을 정취가 물씬한 수옥정관광지

수옥폭포 앞에 자리한 수옥

괴산 이곳저곳 누비기

괴산에는 괴산호와 달천을 끼고 아름다운 계곡이 많이 있다. 조선 시대 학자 퇴계 이황과 송강 정철이 즐겨 찾았다는 쌍곡구곡은 괴산의 명산 35개 중 보배산, 칠보산, 군자산을 품고 있다. 울창한 노송과 숲, 기암계곡 사이로 흐르는 맑은 물에 선녀탕, 쌍벽, 떡바위, 호롱소 등이 어울려 절경을 이룬다. 화양구곡은 산책, 등산, 문화 유적을 함께 즐길 수 있는 속리산국립공원 지역에 속해 있다. 울창한 숲과 넓은 반석, 옥빛으로 흐르는 계곡물이 풍류를 한껏 돋운다. 우암 송시열이 한때 은거한 곳인 경천벽, 옹연담, 금사담, 학소대, 파곶 등 화양구곡이 잘 보존되어 있다.

괴산에서 문경새재 영남 제3관문 조령관 가는 길에 수옥정관광지가 있다. 조령산에서 깎아지른 절벽 아래 20m 높이의 폭포가 3단으로 떨어진다. 수옥폭포다. 조선 시대 최고의 풍속화가 단원 김홍도는 수옥폭포 아래서 풍류를 즐기는 모습을 담은 〈모정풍류〉와 〈호귀응렵도〉를 남겼다. 그래서일까. TV 예능 프로그램에서 대한민국에서 가장 멋진 폭포 1위로 선정했다. 그만큼 폭포가 웅장하고 조화롭다. 큰 길과 가까워 접근성도 좋다. 수옥정관광지에는 규모가 큰 수옥정수영장이 있다. 산이 병풍처럼 휘감고 있어 피톤치드를 마시며 수영을 즐길 수 있다. 주변에 캠핑장이 있고, 즐길거리가 다양해 가족 여행지로 인기가 많다.

---

info.

대중교통 센트럴시티터미널-괴산시외버스공용터미널(2시간 소요), 괴산시내버스터미널 정류장에서 농어촌버스 승차 후 외사리입구 정류장 하차 / 문의: 센트럴시티터미널(02-6282-0114), 괴산시외버스공용터미널(043-833-3355)

내비게이션 산막이옛길(충청북도 괴산군 칠성면 사은리 546-1, 043-832-3527), 쌍곡구곡(충청북도 괴산군 칠성면 태성리, 043-830-3462), 화양구곡(충청북도 괴산군 청천면 화양리, 043-832-4347), 수옥정관광지(충청북도 괴산군 연풍면 수옥정길 127-1, 043-830-3472), 수옥폭포(충청북도 괴산군 연풍면 원풍리, 043-830-3604)

어디서 묵을까 조령산자연휴양림(043-833-7994)은 아름드리 소나무숲에 통나무로 만든 숲속의 집, 사계절 썰매장, 어린이 물놀이장과 삼림욕장을 갖추었다. 사계절 물놀이를 즐길 수 있는 수영장이 있는 글램하우스(010-5339-4711)가 화양구곡 근처에 있다. 객실 안팎에 있는 스파는 여독을 풀기에 충분하다.

무엇을 먹을까 시골 보리밥을 좋아한다면 미향(043-832-1410)을 추천한다. 보리밥은 백미에 비해 식이섬유가 많아 건강식으로 인기가 좋다. 대부분 주인이 직접 재배하거나 믿을 만한 현지인들에게 구입한 식재료만 사용한다. 음식은 간이 심심한 편이다. 감칠맛을 내기 위해 천연 효소를 사용한다. 쌈채소는 손수 재배한 것으로 향이 좋다.

보리밥정식

문의: 괴산군청 문화관광과(043-830-3434)

대청호 오백리길 1구간

대청댐 물문화관에서 출발한다. 미호동산성, 대청댐 보조 여수로,
갈전동을 거쳐 이현동 두메마을의 억새습지길에서 마친다.
행정구역상 대전광역시에 속해 있지만 시골 마을과 다름없는 정겨운
풍경이 이어진다. 총거리는 11.5km로 5시간 정도 소요된다.
대청호반을 구경하며 걷는 재미가 쏠쏠하다.

문의: 대청댐 물문화관(042-930-7332)

그밖의 대표적인 호수 산책 여행지

합천 합천호 둘레길

합천댐 물문화관에서
출발하는 합천호 둘레길은
그림 같은 주변 산세를
감상하며 낚시와 수상 레저
스포츠를 즐길 수 있는 길이다.
호수 주변에 벚나무가 길게
줄지어 있어 봄꽃 여행지로
유명하다. 물문화관에서
대병회양관광단지,
옥계서원과 고삼마을을 거쳐
봉산관광단지까지 도보로
1시간 30분에서 2시간 정도
소요된다.

문의: 합천군 관광진흥과
(055-930-4666)

양평 두물머리 물래길

남한강과 북한강이 만나는 두물머리의 멋진 풍경을 감상하며 강변
따라 걷는 길이다. 양서문화체육공원을 출발해서 세미원, 배다리,
석창원, 두물머리를 돌아 나오는 편도 4.5km 구간이다. 중앙선
전철을 타고 양수역에서 내려 물래길에서 시작하면 된다.

문의: 두물머리관광안내소(031-775-8700)

문경 새재길
VS
성남 남한산성

문경새재와 남한산성은 공통점이 있다. 임진왜란과
병자호란이라는 큰 전란의 주 무대였다는 것. 그리고 지금은 걷기
좋은 길로 거듭나 연중 많은 도보꾼들이 찾는 명소라는 것이다.
문경새재가 휠체어를 밀고 다녀도 될 만큼 평탄한 길인데 비해
성곽을 따라 걸어야 하는 남한산성에서는 가쁜 숨을 몰아쉬게
된다. 그래도 산허리를 가르는 성곽의 흐름을 한눈에 볼 수 있어
힘들어도 뿌듯한 기분으로 내려올 수 있다.

문경 새재길 ↑

남한산성 ↓

숲의 향연 속으로
문경 새재길

문경새재는 길의 가치가 다르다

문경새재는 오랜 세월, 영남 지방의 주요 관문이었다. 옛날에는 과거 시험을 보러 가던 선비와 괴나리봇짐을 멘 보부상, 나라님께 바치는 진상품을 잔뜩 실은 우마차가 덜커덩거리며 지나다녔다. 입신의 꿈을 품은 선비에게는 도전의 길이요, 민초들에게는 땀과 눈물의 길이었다. 오늘에 와서는 사람들의 몸과 마음을 치유하는 힐링 로드가 되었다. 급한 마음 내려놓고 느릿느릿 걷다 보면 나무와 개울, 그리고 숲이 길동무가 되어준다. 주차장을 지나면 어김없이 호객꾼들의 "식사하고 가세요~"라는 소리가 들린다. 대부분 약돌돼지양념석쇠구이를 파는 식당들이다. 상가 단지를 지나면 넓은 잔디 마당이 딸린 한껏 멋을 낸 대궐 같은 한옥이 있다. 우리나라 최초로 길을 테마로 한 옛길박물관이다. 영남대로, 의주대로, 산남대로 등 옛길이 죄다 모여 있어 팔도를 누비지 않아도 손쉽게 길 맛을 볼 수 있다.

문경새재 초입에서 만날 수 있는 선비의 상

숲길의 아늑함을 느끼기에 부족함 없는 문경 새재길

제1관문인 주흘관 앞에 닿으면 지금껏 봐온 것과는 전혀 다른 풍경이 펼쳐진다. 독수리가 날개를 펼친 듯 우아한 성벽과 위풍당당하게 서 있는 관문, 그리고 백두대간의 위용이 주변을 압도한다. 문경새재 세 관문 중 가장 규모가 크고 옛 모습이 잘 보존되었다. 주흘관의 멋을 제대로 보려면 성곽을 따라 걸어봐야 한다. 장군이라도 된 듯 성벽 위에 서서 사방을 둘러보면 주변 산자락이 그림처럼 한눈에 들어온다. 무엇보다 찾는 이가 적어 호젓한 분위기까지 누릴 수 있으니 금상첨화다.

발길 닿는 곳마다 역사의 흔적이 남아
주흘관을 지나면 드라마 〈태조 왕건〉을 촬영했던 가은오픈세트장에 이른다. 드라마의 흥행 이후로 문경새재를 찾는 사람들이 꼭 한 번은 들르는 명소이다.
세트장부터 제3관문인 조령관까지는 약 6.5km를 걸어야 한다. 족히 2~3시간은 걸리

맨발로 걷기 좋은 제1관문에서 제2관문 구간

는 거리다. 그 사이 세트장에서 제2관문인 조곡관으로 가는 길은 바닥이 잘 다져진 흙길이다. 신발을 벗고 걸어도 괜찮다. 흙을 밟는 감촉이 궁금하다면 과감히 신발을 벗어보길. 세트장 못미처 발 씻는 곳이 있으니 발이 더러워질까 염려할 필요도 없다.

조선 시대에 출장 나온 관리가 숙식하던 조령원 터, 길손들이 쉬어 가던 주막, 일제 강점기 말기 무자비한 송진 채취로 상처 입은 소나무를 비롯하여 조선 시대 경상 감사가 업무 인수인계를 했던 교귀정까지, 역사와 함께했던 새재의 모습을 확인할 수 있다. 그 밖에 산불됴심비도 눈길을 끈다. 조선 후기에 순 한글로 새긴 보기 드문 표석으로, 최초의 자연 보호 표석이다. 이어 제2관문인 조곡관이 모습을 드러낸다. 제1관문 주흘관보다 계곡이 좁고 주변 산세가 험하다. 문루 뒤쪽 '영남 제2관문'이란 현판을 뒤로하고, 3.5km가량 더 걸으면 제3관문인 조령관이 나타난다. 문경새재에서 가장 호젓한 구간으로 오르막길이 많아도 숨이 턱까지 찰 정도로 가파르지는 않다. 조령관을 지나면 비로소 충청도 땅이다. 먼 길을 가는 길손으로서는 이제야 한고비를 넘긴 것이다. 문경새재는 많은 시련을 겪었지만 강한 생명력으로 지금까지 이어져 왔다. 조선 시대에는 남북을 잇는 길로, 지금은 힐링을 돕는 길로 살아 숨 쉰다.

문경 이곳저곳 누비기

문경석탄박물관에 들어서면 문경이 지난날 경상북도 최대의 탄광촌이었음을 알 수 있다. 전시관 로비에 설치된 대형 설치물에는 탄광 산업이 한창 왕성할 때 촬영했던 사진들이 전시되어 있다. 사진 한 장 한 장마다 깊은 감동이 전해진다. 2층으로 올라가면 연탄을 만드는 과정과 석탄 산업의 역사를 확인할 수 있다. 영상물 상영관에서는 광부들의 일과를 알기 쉽게 설명해준다. 야외 전시장에는 실제 광부들이 살았을 법한 탄광촌 가정집과 구멍가게, 정육점, 선술집 등을 사실적으로 재현해 놓았다. 각 세트장마다 현지 주민들이 직접 녹음한 대화가 들려 친근하게 다가온다.

가은오픈세트장도 볼만하다. 드라마 〈천추태후〉, 〈연개소문〉, 〈자명고〉 등을 촬영했다. 문경석탄박물관에서 세트장까지는 모노레일을 타고 가는데 발아래 펼쳐지는 풍경이 꽤나 볼만하다. 제1세트장에는 평양성과 고구려궁, 고구려마을과 신라마을이 있고, 제2세트장에는 안시성과 성내마을, 제3세트장에는 요동성과 성내마을 세트장이 있다.

가은오픈세트장

영남 제2관문이라 불리는 조곡관

실감나게 재현해 놓은 문경석탄박물관　　　　옛길박물관　　옛길박물관에 전시된 마패

고모산성은 신라가 북진 정책을 꾀하던 5세기에 만들어진 신라 최초이자, 최대의 성곽이다. 삼국은 이 성을 함락하기 위해 연이어 피비린내 나는 전쟁을 벌였다. 임진왜란 때는 왜군에게 유린당하고, 한국 전쟁 때는 이곳에서 동족끼리 총부리를 겨누고 싸우기도 했다. 성곽의 전체 길이는 1.6km, 높이는 2~5m가 넘는다. 지금은 허물어졌던 성곽을 복원하여 여행자들을 맞이하고 있다. 영남대로의 옛길인 토끼비리의 시작점으로 옛돌고개(일명 꿀떡고개)에는 길손들이 머물던 주막거리가 복원되어 있다.

 info.

대중교통　서울고속버스터미널-점촌시외고속버스터미널(2시간 10분 소요), 시외버스터미널 정류장에서 좌석버스에 승차 후 중앙시장 하차, 100번 버스로 환승해 문경새재 정류장 하차(1시간 20분 소요) / 문의: 서울고속버스터미널(1688-4700), 점촌시외고속버스터미널(054-553-7741)

내비게이션　문경새재도립공원(경상북도 문경시 문경읍 새재로 932 문경새재관리사무소, 054-571-0709), 문경석탄박물관(경상북도 문경시 가은읍 왕능길 112, 054-550-6424), 가은오픈세트장(경상북도 문경시 가은읍 왕능리, 054-571-2475), 고모산성(경상북도 문경시 마성면 신현리)

어디서 묵을까　문경시에서 운영하는 문경새재유스호스텔(054-571-5533)과 문경관광진흥공단에서 위탁 운영하는 불정자연휴양림(054-552-9443)이 권할 만하다. 그 외에 문경온천 주변에 깨끗한 모텔들이 많다. 킹모텔(054-571-5558)은 한국관광공사가 인증한 굿스테이 업소다.

무엇을 먹을까　진남교반이 보이는 곳에 있는 진남매운탕(054-552-7777)은 40년 동안 매운탕만 고집하고 있다. 특제 고추장을 넣어 얼큰하면서도 깊은 맛이 난다. 함께 나오는 치자국수를 넣어 먹으면 더욱 맛있다. 문경에선 약돌한우만큼 약돌돼지가 유명하다. 인체에 유익한 미네랄이 함유된 약돌을 갈아 돼지 사료에 넣어 먹는데, 고기의 육질이 부드러운 게 특징이다. 약돌돼지고기에 고추장 양념을 발라 석쇠에 구워 먹으며, 새재할매집(054-571-5600)이 유명하다.

약돌돼지양념석쇠구이

문의: 문경시청 문화관광과(054-550-6393), 관광안내소(054-550-6414)

제주도 곶자왈

용암이 흐르다가 불규칙한 형태의 바윗덩어리로 굳어진 뒤,
오랜 시간이 지나 바위틈에 식물이 뿌리를 내리고 곤충과 동물이
모여들기 시작하면서 큰 숲을 이룬 곳이다. 즉, 세계에서 유례없는
용암 퇴적물 위에 형성된 숲이다. 3만㎡ 규모의 부지에 총연장
550m가량의 관찰로가 있는데, 모두 5개 구간이다.
문의: 곶자왈환상숲(064-772-2488)

그밖의 대표적인 숲길 트레킹 여행지

춘천 실레길

호젓한 숲길과 《봄봄》, 《동백꽃》의 작가 김유정의 문학이 만나는
곳이다. '실레'는 금병산에 둘러싸인 모습이 마치 옴폭한 떡시루 같다
하여 마을 사람들이 예부터 부르던 이름이다. 작가의 고향답게 소설
속 인물들과 얽힌 이야기가 길 곳곳 팻말에 적혀 있다. 총 길이는
5.2km이며, 천천히 걸어도 2시간이면 넉넉하다.
문의: 김유정문학촌(033-261-4650)

대전 계족산 황톳길

맥키스(옛 선양) 조웅래 회장이
14.5km 임도 구간에 질 좋은
황토를 깔아 만들었다. 국내
최초 숲속 맨발 걷기 캠페인을
시작해 '에코 힐링'이란 신조어를
만들어냈다. 이후 여행 전문
기자들이 '다시 찾고 싶은 여행지
33선'에 선정했고, '한국인이
꼭 가봐야 할 100대 여행지'
3위에 뽑히기도 하는 등 최고의
힐링 명소로 꼽히고 있다. 발의
촉감을 좋게 하려고 황토를
수시로 깔아 보수한다.
문의: 장동산림욕장(042-623-9909)

당일치기 산성 걷기 명소
성남 남한산성

세계문화유산 남한산성

삼국 시대에는 누가 한강 유역을 점령하느냐에 따라 패권이 바뀌었다. 한강 유역의 첫 번째 주인은 백제였다. 그런 까닭에 백제 시조 온조대왕의 사당인 숭렬전이 이곳에 있다. 이후 신라가 삼국을 통일한 뒤 문무왕이 이곳에 성을 쌓았는데, 주장성이라 불렀다. 조선 시대에 와서는 이괄의 난을 겪은 인조가 수도 한양과 가까운 곳에 급히 산성을 축조했다. 산성 내에는 임금이 머물 수 있는 행궁이 지어졌다. 이를 남한산성이라 했다. 병자호란 때에는 이곳에서 47일간 저항하다가 항복하여 삼전도의 굴욕이라는 역사적 아픔을 맛보았다. 이후 순조 때까지 중수를 거듭했으나 일제 강점기에 와서 화약과 무기를 많이 쌓아두고 있다는 이유로 불태워졌다. 역사의 뒤안길로 사라졌던 남한산성이 새롭게 떠오른 것은 2014년 6월 23일 유네스코가 세계문화유산에 등재되면서부터다.

우리나라 12번째 세계문화유산인 남한산성은 경기도 성남시, 광주시, 하남시, 서울 송파구에 걸쳐 있다. 이 성은 역사와 건축학적으로 중요한 의미가 있다.

남한산성은 숲이 깊고 쉴 만한 곳이 많아 여행자들에게 인기가 좋다.

연록이 피어나는 봄에는 나들이 명소로, 실록이 우거지는 여름에는 피서지로, 오색단풍이 곱게 색을 발하는 가을에는 단풍놀이로, 새하얀 눈이 내리는 겨울에는 심설산행으로, 사계절 찾는 이가 많다. 특히 도심에서 대중교통을 이용해 갈 수 있어 당일치기 여행에 안성맞춤이다. 걷기 코스는 모두 5개 코스로, 시간, 체력 혹은 관심사에 따라 고를 수 있다. 4개의 성문을 연결한 성곽길과 산성 안에 있는 문화유산을 잇는 내부 코스, 그리고 두 가지를 혼합한 코스가 있다.

남한산성의 멋을 오롯이 느끼는 1코스

1코스는 3,8km 구간으로 1시간 30분 남짓 소요된다. 성곽길과 내부 문화재를 함께 돌아보는 코스로 5개 코스 중에서 가장 볼거리가 많다. 시내버스가 서는 산성로터리에서 출발해 성남시로 통하는 관문인 지화문(남문)에 닿는다. '남문 앞 역사터'라 불리는 곳에는 380년 이상 된 느티나무 4그루가 산성과 어우러져 세월을 대변하고 있다. 이 나무는 남한산성의 랜드마크로 인증사진을 찍으려는 사람들로 언제나 붐빈다. 지화문은 사대문 중 가장 규모가 큰 문으로 현판을 보면 옛것 그대로다. 성곽을 따라 걷는 길은 세 갈래로 나뉜다. 성 안팎 길은 나무 그늘이 있어 시원하고, 성곽길은 조망이 탁월하다. 성곽을 따라 걷다 보면 암문이 연이어 나온다. 본성에 11개, 외성에 5개가 있다. 성 밖으로 나가는 비밀 문이다. 다소 가파른 길을 오르면 수어장대가 보인다. 산성에서 지화문 다음으로 관람객이 많은 곳이다. 수어장대는 인조 때 단층으로 지었던 것을 영조가 2층 누각으로 증축했다. 병자호란 당시 인조가 병사들을 독려해 적과 대치했던 곳이지만, 지금은 군사시설의 느낌보다 풍류를 즐기기 좋은 정자처럼 보인다. 이곳에서 곧장 침괘정을 거쳐 산성로터리로 내려가도 된다. 여유가 된다면 우익문(서문)으로 향한다. 삼전도가 있었던 송파로 가는 가장 빠른 길이다. 이어 병자호란 때 유일하게 문을 열고 나가 청군과 싸웠던 전승문(북문)이 나온다. 전승문에서 침괘정을 지나 산성로터리로 복귀하면 전체 구간이 끝난다.

행궁도 빼놓을 수 없다. 행궁이란 왕이 도성을 떠나 임시로 머무는 곳으로, 전란, 능행, 휴양 등을 위해 만들어졌다. 수원·강화·전주·의주·양주·온양 행궁 등 10여 개 이상의 행궁이 있었다. 그중 남한산성 행궁은 전쟁이나 내란 등 유사시 후방의 지원군이 도착할 때까지 한양 도성의 궁궐을 대신할 피난처로 사용하기 위하여 인조 때 건립되었다. 병자호란 때 인조가 47일간 머물며 항전했던 곳이다.

남한산성 서문전망대에서 바라본 풍경

남한산성 수어장대

성곽걷기의 묘미가 가득한 남한산성

남한산성의 남문인 지화문의 겨울 풍경 ↑

얼어서는 곳마다 절경인 남한산성 ↓

남한산성 행궁

윤동공원

모란 민속오일장

성남 이곳저곳 누비기

매월 끝자리 4, 9일에 열리는 모란 민속오일장은 전국에서 가장 큰 규모의 민속장으로 하루평균 10만 명이 찾는다. 도심에서 보기 힘든 전통 오일장이어서 인근의 어르신들과 독특한 풍물 여행을 찾는 여행객들의 발길이 이어지고 있다. 화초, 양곡, 약초, 잡화, 생선, 민물고기 등을 취급하고 있으며, 칼국수와 순대, 팥죽 등 먹거리 텐트가 조성되어 있다. 마트나 슈퍼마켓에서 느낄 수 없는 시끌벅적한 분위기가 정겹다.

정자동 카페

율동공원은 자연 호수와 잔디밭, 야산 등 자연을 그대로 살린 시민공원이다. 꽃동산과 갈대밭 산책로, 배드민턴장, 번지점프대, 책 테마파크, 조각공원 등 다양한 시설을 갖추고 있다. 매월 첫째, 넷째 주 토요일에는 숲 체험 프로그램을 운영하며, 홈페이지(www.environmental.co.kr)에서 신청할 수 있다. 책 테마파크는 기존 책 읽는 도서관의 개념에서 벗어난 상상의 공간이다. 책의 역사를 그린 조형물과 세계 각국 언어로 만들어진 '바람의 책' 등이 있다. 천천히 사색하면서 독서의 즐거움에 빠져볼 수 있는 곳이다.

정자동 카페거리는 유럽의 노천카페처럼 테라스와 향기로운 커피향, 여유롭게 산책하는 시민들이 어우러지는 곳이다. 평일 오전에는 브런치를 즐기는 사람들이 오가며, 해가 지면 카페마다 조명이 켜지면서 데이트를 즐기는 연인들이 많아진다.

---

info.

대중교통 서울 지하철 8호선 산성역 하차, 2번 출구로 나와서 52번 버스 승차 후 남한산성 정류장 하차

내비게이션 남한산성(경기도 광주시 중부면 산성리, 031-743-6610), 모란 민속오일장(경기도 성남시 중원구 둔촌대로 79, 031-721-9905), 율동공원(경기도 성남시 분당구 문정로 145, 031-702-8713), 책 테마파크(경기도 성남시 분당구 문정로 145, 031-708-3588), 정자동 카페거리(경기도 성남시 분당구 정자동)

어디서 묵을까 성남 분당의 중심지 서현역 부근에 시설 좋은 호텔과 모텔이 모여 있다. 노블레스호텔(031-702-4591)은 우아한 객실과 레스토랑을 갖춘 비즈니스호텔이다. SR호텔(031-702-6565)은 규모는 작지만 깔끔하고 세련된 곳이며, 조식이 제공된다.

무엇을 먹을까 남한산성 주변에는 맛집이 많다. 산채정식이 대표적이며 닭백숙과 오리 요리 등 다양한 요리를 맛볼 수 있다. 반월정(031-743-6562)은 200년 된 고택에서 밥상을 받을 수 있는 곳이다. 불고기와 황태구이, 된장찌개 등 건강에 좋은 음식이 나온다.

문의: 성남시관광안내소(031-729-2992~3)

서울 한양도성길

옛 도성의 성곽을 따라 도는 한양도성길은 서울에 이런 곳이
있나 할 정도로 볼거리가 풍성하다. 북악산, 낙산, 남산, 인왕산
코스로 나뉘며 18.6km의 거리다. 그중 북악산 코스는 창의문에서
시작해 숙정문을 지나 혜화문에 이르는 구간이다. 40년간 출입이
제한되다가 2007년부터 신분증을 제시하면 진입할 수 있게 되었다.
문의: 서울 두드림길(02-2133-2149)

그밖의 대표적인 산성 트레킹 여행지

수원 화성

수원 화성은 조선 중기 르네상스를 꿈꾼 정조대왕이 정약용의
거중기를 이용하여 만든 곳이다. 1997년 12월 유네스코
세계문화유산으로 등재되었다. 성곽을 따라 천천히 산책해도
좋으나 워낙 넓으므로 팔달산에서 화서문, 장안공원을 거쳐 장안문,
화홍문, 연무대 등 중요 지점을 도는 화성열차를 이용하면 좋다.
문의: 화성행궁관광안내소(031-228-4480)

보은 삼년산성

1,500년의 세월을 밟고 보은
시내와 황금 들판을 오롯이
품고 있다. 오정산(325m) 한쪽
기슭에 자리하고 있는데,
470년(신라 자비왕 13년)에
축성하기 시작해서 만 3년 만에
완성하였다 하여 삼년산성이라
부른다. 성곽을 따라 전체
길이가 1,680m에 이른다.
큰 힘 들이지 않고 가볍게
산책하기 좋다.

문의: 보은군관광안내소
(043-542-3006)

경주 양동마을
VS
서울 북촌 한옥마을

한옥마을은 시간과 공간을 아우른다. 낮과 밤, 현재와 과거, 자연과
사람이 손을 맞잡고 공존한다. 오랜 역사를 베개 삼아 잠들어 있는
한옥에는 어머니 젖가슴을 닮은 초가지붕도 있고, 독수리가 날갯짓하며
힘차게 비상하는 듯한 기와의 물결도 있다. 천년고도의 한옥과 도시
한가운데 옹기종기 모여 앉은 옹골찬 한옥은 자리한 터는 다르지만,
그 정취만은 결코 다르지 않다.

양동마을↑

북촌 한옥마을↓

유네스코가 인정했다
경주 양동마을

신라 땅에 터 잡은 조선 양반 동네, 양동마을

경주는 중·고등학교 시절 수학여행으로 가봤던 곳이다. 하지만 선생님의 인솔에 따라 아무 생각 없이 이곳저곳을 돌아다닌 탓에 기억에 남는 건 별로 없다. 그래서일까? 충동적으로 추억을 더듬는 여행을 떠나면 어느새 경주에 가 닿는다. 가물거리는 기억의 조각들을 기왓장 맞추듯 잇다 보면 어떤 이에게는 경주가 아련한 추억으로, 또 다른 이에게는 먹물처럼 번지는 옅은 사랑의 기억으로 떠오를지 모르겠다. 경주에는 한적함과 시끌 벅적함이 공존한다. 단아한 한옥마을은 언제나 적막강산처럼 고요할 것 같지만 아슬아슬한 핫팬츠 차림의 젊은 여행자들이 무리를 지어 나타나면 시끌벅적해진다.

양동마을은 안동 하회마을과 함께 2010년에 유네스코 세계문화유산에 등재됐다. 임진왜란 이전에 지어진 기와집을 포함해서 150여 채의 옛집들이 굽이굽이 들어서 있다. 마을 전체가

양동마을 강학당에서 즐기는 여유

주요민속자료 제23호로 지정된 양동마을 서백당

양동마을의 한가로운 소경

99칸으로 마을에서 가장 규모가 큰 향단의 돌담길

문화재(중요민속자료 제189호)로 지정되어 있을 만큼 국보, 보물, 민속자료 등이 많다.

먼저 양동마을문화관에서는 마을의 역사와 소소한 이야기들을 만날 수 있다. 마을 입구에 자리한 양동점방은 동구나무처럼 오랜 세월 자리를 지켜 왔다. 100년이 넘은 점방에서는 손수 만든 식혜, 수정과, 매실차 등을 판다. 계핏가루가 들어간 수정과가 특히 맛있다. 마을 어디에 카메라를 들이대도 한 장의 사진엽서가 나온다. 낮은 곳에는 초가집이, 높은 곳에는 기와집이 자리한다. 신분에 따라 사는 곳을 달리한 탓이다. 마을 이곳저곳을 여유 있게 보려면 반나절은 잡아야 한다.

월성 손씨와 여강 이씨 집성마을

양동마을은 월성 손씨와 여강 이씨, 두 가문이 대를 이어 사는 집성촌이다. 마을이 경주 안강평야에 자리해 산물이 풍부하고, 뒤로 설창산이 펼쳐져 풍광 또한 빼어나다.

마을을 효과적으로 돌아보려면 코스별로 나 있는 길을 따라 걷는 편이 좋다. 하촌, 물봉골, 수졸당 코스를 비롯해 모두 7개 코스가 있다. 코스 안내도는 마을 초입에 있는 문화관광해설사 부스에서 얻을 수 있다.

필수 코스인 관가정은 마을을 한눈에 내려다볼 수 있는 명품 조망권을 자랑한다. '곡식이 자라는 모습을 바라보듯 자식이 자라는 모습을 본다'는 뜻으로 월성 손씨의 종가이다. 대문 왼쪽에 사랑방과 '관가정(觀稼亭)' 현판이 걸려 있는 누마루가 있다. 가까운 곳에 있는 향단은 연로한 어머니를 위해 회재 이언적 선생이 1540년에 지었다고 전한다. 건축 당시 99칸에 달했지만 한국 전쟁으로 소실되어 현재는 56칸만 남아 있다. 경사면에 지어진 탓에 건물의 높낮이가 제각각이다. 자연과 동화하려는 건축주의 마음을 읽을 수 있다.

무첨당은 이언적이 경상 감사로 재직할 당시 지은 별당이다. 이언적은 동방오현(東方五賢)에 포함될 만큼 학식이 뛰어난 인물이었다. 그래서 후손들은 그와 같은 인물이 또 배출될 거라 믿고 기다린다고 한다. 이언적이 태어난 서백당도 놓치지 말자. 서백당 옆에서 오랜 시간 함께했을 향나무가 멋스럽다.

양동마을에는 월성 손씨와 여강 이씨 두 가문의 서당이 아직 남아 있다. 마을 동쪽 성주봉 기슭 언덕에 있는 강학당이 먼저 눈에 띈다. 여강 이씨 문중의 서당으로 소박하다. 숲과 초가가 어우러져 아늑한 분위기가 풍긴다. 그에 비해 월성 손씨의 문중 서당인 안락정은 연못과 백일홍, 감나무, 향나무가 어우러져 운치를 더한다. 관가정과 향단을 포함한 양동마을 서쪽 일대를 한눈에 볼 수 있는 전망 또한 일품이다.

밤에 더욱 멋진 첨성대

야간 조명에 은은한 빛을 발하는 동궁 월지

보고만 있어도 힐링이 되는 삼릉 솔숲

경주 이곳저곳 누비기

닭이 울었다는 계림에는 물푸레나무, 홰나무, 단풍나무 등 고목이 울창하다. 어른 두세 명이 손을 맞잡아야 나무 허리를 두를 수 있을 만큼 몸집이 크다. 숲을 나와 오른쪽 길을 따라가면 반월성과 석빙고가 나오고, 차도를 건너면 첨성대가 보인다. 첨성대를 보는 순간, 중학교 동창생을 만난 것처럼 반갑다. 신라 시대에 건립된 국보 31호 첨성대는 수천 년의 시간을 뛰어넘어 현대의 사람들과 만난다. 신라인들에게는 우주로 향하는 통로였지만, 지금은 수많은 관광객이 오가는 길목에서 우아한 자태를 뽐내고 있다. 은은한 달빛과 첨성대의 조명이 만나는 야경은 잊지 못할 추억이 된다. 인근에 있는 신라 왕궁의 별궁인 동궁과 월지도 야경 명소로 잘 알려졌다. 조명이 켜지면 연못에 동궁 건물이 비치는데, 마치 섬세한 금박 비단을 드리운 것 같다.

중심부에서 조금 떨어진 남산 쪽으로 가다 보면 아달라왕, 신덕왕, 경명왕의 무덤으로 알려진 삼릉이 있다. 경주 시내를 내려다볼 수 있는 남산 들머리에 자리했다. 사진작가 배병우의 소나무 연작으로 널리 알려지면서 봄날 새벽이면 사진가들로 장사진을 이룬다. 삼릉에서 솔숲을 지나 개울 돌다리를 건너면 경애왕릉이 있다. 경애왕은 신라 55대 왕으로, 927년 포석정에서 후백제 견훤의 습격을 받아 생을 마감했다.

> **info.**

대중교통 서울고속버스터미널–경주시외버스터미널(4시간 소요), 시외버스터미널 정류장에서 203번 버스 승차 후 양동민속마을 정류장 하차(1시간 20분 소요) / 문의: 서울고속버스터미널(1688-4700), 경주시외버스터미널(1666-5599)

내비게이션 양동민속마을(경상북도 경주시 강동면 양동마을길 138-18, 070-7098-3569), 첨성대(경상북도 경주시 인왕동 839-1), 동궁과 월지(경상북도 경주시 원화로 102)

어디서 묵을까 신라문화원에서 운영하는 고택 체험이 가능한 한옥들이 있다. 종오정(054-774-1950)은 조선 시대 영조 때 학자인 최치덕의 유적지이다. 신라밀레니엄파크에서 운영하는 전통 한옥호텔 라궁(054-778-2100)은 신라 시대 우아한 궁궐의 면모를 갖추고 있다.

무엇을 먹을까 '경주 최부잣집'으로 알려진 최씨고택 주변에 쌈밥집이 유명하다. 한우불고기쌈밥, 돼지고기쌈밥 등 메뉴를 고를 수 있으며, 맛깔스러운 반찬들이 함께 나온다. 오랜 전통을 자랑하는 별채반 교동쌈밥(054-773-3322)은 지역 농산물로 상을 낸다. 경주 시민들이 즐겨 찾는 순두부집들은 북군동, 보문동 일대에 모여 있다. 맷돌순두부(054-745-2791)와 전통맷돌순두부(054-743-0111)가 유명하다.

문의: 경주시청 문화관광과(054-779-6078), 경주역관광안내소(054-772-3843)

안동 하회마을

풍산 류씨 집성촌인 이곳은 휘돌아가는 낙동강 물살에 의해
만들어진 물돌이 마을이다. 조선 시대 마을 형태를 그대로 보존하고
있어 타임머신을 타고 과거로 돌아간 느낌을 준다. 기와집과 초가로
구성된 127개의 가옥과 마을길, 둑길과 논밭, 송림, 나루터가 있다.
나룻배를 타고 건너편 부용대에 올라가면 마을이 한눈에 보인다.

문의: 하회마을(054-852-3588)

(그밖의 대표적인) 민속마을 여행지

예천 금당실전통마을

소백산을 배경으로 금곡천과 선동천이 사이좋게 흐르는 곳에 있다.
돌담장이 이어진 고샅길이 정취를 더한다. 조선 시대 선비처럼
유유자적 고택 돌담길을 걷는 맛이 일품이다.

문의: 금당실전통마을(054-655-0225)

순천 낙안읍성마을

조선 시대 원형이 잘 보존된
성곽, 관아 건물과 소담스러운
초가, 고즈넉한 돌담길이
어우러진 마을이다. 300동이
넘는 초가에 120여 세대 300여
명의 주민이 아직 거주하고
있다. 수문장 교대 의식, 조선
시대 전통생활 재현, 국악,
판소리, 사물놀이, 전통 혼례 등
다양한 전통문화를 체험할 수
있다.

문의: 낙안읍성마을(061-749-8831)

다닥다닥 한옥이 어깨를 맞댄 곳
서울 북촌 한옥마을

북촌의 보물, 8경을 찾는 즐거움

서울에 여행 온 외국인들이 가장 많이 찾는 곳이 북촌 한옥마을이다. 한옥을 세심한 눈으로 살피는 그들을 보고 있자면 우리가 외국 풍경에 도취하여 연신 카메라 셔터를 누르던 모습이 떠오른다. 지붕 처마가 다닥다닥 붙은 한옥마을의 풍경은 그 어떤 것보다 한국적인 모습이다. 다람쥐 쳇바퀴 돌 듯 살아가는 현대인들에게 한옥의 고즈넉한 멋은 또 다른 힐링임이 분명하다.

북촌 한옥마을은 경복궁과 창덕궁 사이에 있다. 조선 시대 권문세가와 왕족들이 살았던 고급 주택 단지. 그런데 지금 북촌에 남은 한옥은 규모가 작은 집들이 대부분이다. 그 이유는 일제 강점기 말기와 한국 전쟁 직후 이 지역의 땅들이 분할되면서 큰 집들이 지금처럼 작게 나뉘었기 때문이다.

북촌 한옥마을은 계동 현대사옥 옆 골목길에서 시작한다. 골목길에 들어서면 북촌문화센터가 있는데, 이곳에서 지도를 비롯해 북촌 한옥마을에 대한 정보를 챙길 수 있다. 언덕길을 오르면 잠시 후 창덕궁 돌담이 보인다. 그 뒤로 펼쳐진 궁궐의 모습이 위엄 있다. 담과 어우러진 궁궐의 모습은 궁 안에서 보는 것과는 사뭇 다르다. 이곳이 북촌 1경이다. 2경은 창덕궁 돌담길을 따라가면 나오는 원서동 공방길이다. 옛날에 조선 왕실을 돌보던 나인들이 모여 살던 곳이라 한다. 그때의 흔적인지 지금도 궁중음식원이 자리하고 있으며, 아기자기한 소품을 만드는 공방들이 모여 있다.

켜켜이 이어진 기와의 너울은
북촌 한옥마을에서 볼 수 있는 독특한 매력이다.
현대화된 도심에서 만나는 한옥의 예스러움은
일상탈출의 기회를 제공한다.

한옥게스트하우스 북촌한옥체험관의 객실

북촌한옥체험관의 툇마루

한옥의 운치를 더하는 기와

처마가 물결치듯 이어진 북촌 한옥마을

북촌에서만 볼 수 있는 기와 물결

3경은 가회동 11번지 일대를 일컫는데, 일명 '박물관길'로 통한다. 그만큼 전통문화를 소재로 한 박물관이나 공방이 많아서이다. 일방통행로를 따라 걸어가면 계동교회와 46년째 영업하고 있는 중앙목욕탕, 방앗간이 줄지어 모습을 드러낸다. 가회로를 건너 돈미약국 옆 골목으로 들어서면 똑같이 생긴 기와를 머리에 이고 있는 한옥을 만나게 된다. 왼쪽에 있는 축대에 올라서면 가회동 31번지 일대가 한눈에 들어온다. 버선코처럼 살며시 하늘로 치켜 올라간 처마는 너울대는 파도를 닮았다. 처마가 끝나기도 전에 또 다른 처마가 바

그윽한 풍경소리를 내는 종

통을 이어받아 연결되는 모습은 북촌 한옥마을에서만 볼 수 있는 기와의 물결이다. 이 지점이 4경이다. 5경은 가회동 골목길을 올라가는 구간이다. 언덕에 올라서면 6경으로, 어깨를 나란히 한 한옥의 모습이 점층적으로 이어지고, 그 끝 지점에 N서울타워가 빼꼼히 얼굴을 내민다. 북촌 8경 중에서 가장 잘 알려진 포토 스폿이다. 6경을 뒤로하고 왼쪽 골목으로 들어서면 7경이다. 5경과 6경에 비해 상대적으로 사람의 발길이 뜸하다. 그 덕에 조용히 산책할 수 있어 소소한 풍경과 소리에 집중하게 된다. 대문 앞에 내놓은 화분과 창밖으로 흘러나오는 텔레비전 소리, 달그락거리며 설거지하는 소리 등으로 한옥에 사는 사람들의 생활을 상상해본다. 마지막 8경은 카페거리로 유명한 삼청동길로 내려가는 돌계단이다. 커다란 바위를 통째로 조각해서 만들었다. 북촌을 걷다 보면 과거 한양으로의 시간 여행을 통해 마음 한편에 위안을 얻게 된다.

책 읽기 좋은 카페가 모여 있는 삼청동

인사동 쌈지길

서울 이곳저곳 누비기

서울의 대표적인 전통 거리인 인사동은 1km 남짓 되는 대로를 중심으로 골목마다 한국적인 멋과 매력을 풍긴다. 고미술관, 전통 공예점, 화랑과 전통 찻집, 갤러리 등이 들어서 있다. 판화, 한국화, 서양화, 조각전을 개최하는 다양한 갤러리를 찾아다니는 여정도 좋다. 매주 토·일요일마다 차 없는 거리로 전통 공연 행사가 열린다.

경복궁은 이성계가 수도를 개경에서 한양으로 옮기면서 세운 조선 최초의 궁궐이다. 임진왜란 때(1395년), 화재로 궁궐이 소실되었고 흥선대원군 때(1867년) 중건되었다. 궁궐 내 규모가 가장 큰 건축물은 근정전(국보 제223호)으로, 왕이 신하들이나 외국 사신을 접견하던 곳이다. 왕의 침전인 강녕전 서쪽에 있는 경회루(국보 제224호)도 볼만하다. 외국 사신 또는 군신들의 연회 장소로서 조선 후기 건축물 중 가장 규모가 크고 웅장한 누각이다. 인터넷으로 선착순 예약해야 입장할 수 있다.

용산구에 있는 국립중앙박물관은 우리나라를 대표하는 국립 박물관이다. 22만3천여점에 이르는 유물을 소장하고 있으며, 6개의 상설전시관에 순환 전시한다. 선사·고대관, 중·근세관, 서화관, 기증관, 조각·공예관과 이웃 나라의 문화재까지 포함한 아시아관으로 구성되었다. 상설 전시되고 있는 1만2천여 점의 유물은 무료로 관람할 수 있지만, 특별 전시는 내용에 따라 유료로 운영된다. 박물관 외부에는 미르다리와 미르폭포가 있는 정원, 전통염료식물원, 박물관 건물이 커다란 못에 비치도록 설계한 거울못, 연못 중앙에 있는 청자정 등 볼거리가 풍성하다.

---

info.

대중교통 서울 지하철 3호선 안국역 하차, 2번 출구로 나와서 도보로 이동(5분 소요)

내비게이션 북촌문화센터(서울특별시 종로구 계동길 37, 02-2133-1371), 경복궁(서울특별시 종로구 사직로 161, 02-3700-3900), 국립중앙박물관(서울특별시 용산구 서빙고로 137, 02-2077-9000)

어디서 묵을까 북촌 한옥마을 내에 민박이 가능한 게스트하우스가 많다. 티게스트하우스(02-3675-9877)는 100년 된 전통 한옥을 숙소로 리모델링하여 외국인들이 많이 찾는다. 락고재(02-742-3410)는 과거 양반들의 풍류를 그대로 느낄 수 있는 곳으로 전통 한정식, 다도, 찜질방, 궁중 한복 등을 다양하게 체험해볼 수 있다.

무엇을 먹을까 인사동에는 한국의 맛을 살린 한정식집이 많다. 가격대는 1만 원에서 5만 원까지 다양하다. 푸짐하고 맛깔스러운 산내리(02-736-2233)와 된장비빔밥으로 유명한 툇마루집된장예술(02-739-5683)은 30년 이상 명성을 잇고 있다.

한정식

문의: 재동관광안내소(02-2148-4160)

전주 한옥마을

1930년대 일본인들의 세력 확장에 대한 반발로 교동과 풍남동 일대에 한옥촌이 형성되기 시작했다. 화산동의 선교사촌과 학교, 교회당이 어울려 독특한 도심 한옥촌이 만들어지게 되었다. 태조 이성계의 어진(초상화)이 보관된 경기전과 로마네스크 양식의 웅장함을 자랑하는 전동성당, 《혼불》의 작가로 유명한 최명희문학관, 전통 한지원 등 다양한 볼거리가 모여 있다.

문의: 전주 한옥마을
(063-282-1330)

그밖의 대표적인
도심형 한옥 여행지

나주 도래전통한옥마을

이곳은 풍산 홍씨 집성촌이다. 민속자료로 지정된 홍기창, 홍기웅, 홍기헌 가옥을 비롯해 19세기에 지어진 한옥 수십 채가 모여 있다. 한옥의 멋스러움에 더해 토담길을 거니는 여유까지 챙길 수 있는 운치 있는 곳이다. 양벽정의 이층 구조로 된 솟을대문과 식산 중턱에 자리한 계은정에서 내려다보는 마을 전경은 소박하고 정겹다.

문의: 도래마을옛집(061-336-3675)

서울 서촌

서촌은 경복궁 서쪽에 있는 마을을 부르는 별칭이다. 북촌 한옥마을보다 한적한 편이다. 가지를 뻗어 나가듯 이어지는 골목길을 걷다 보면 어린 시절을 떠오르게 하는 개량 한옥들이 반겨준다. 60년간 한자리를 지켜온 대오서점, 시인과 작가를 비롯한 예술인들이 장기 투숙했던 보안여관, 시인 이상의 옛 집터 등 구석구석 보물이 숨어 있다.

문의: 종로구청 관광체육과
(02-2148-1855)

청주 수암골
VS
부산 감천문화마을

여행을 떠날 때마다 고민이다. 당일치기냐? 1박이냐? 청주 수암골은
당일치기 여행이 가능하다. 골목에 그려진 아기자기한 벽화들과 예쁜
카페들 말고도 그런 점이 엄한 부모를 둔 연인들의 발길을 이끈다.
수암골에 비하면 부산 감천문화마을은 여러모로 경쟁에서 우위를
점한다. 볼거리, 먹을거리, 이야기 등 흥미로운 여행의 조건을 모두
갖췄다. 다만 1박을 해야 하는 게 문제다.

수암골 ↑   감천문화마을 ↓

삶이 그림이 되다
청주 수암골

발길이 멈추듯 시간도 멈춘 마을

좁고 가파른 길을 따라 올라간다. 골목마다 이정표가 잘되어 있어 외지인들이 많이 찾는 곳임을 알 수 있다. 동네는 작아도 외지인들을 위한 주차장까지 마련되어 있다. 여의치 않은 사정에도 흔쾌히 터를 내어준 마을 주민들 덕분이다. 흔히 '수암골'이라 불리는 이곳은 청주시 상당구에 자리한 달동네이다. 마을 뒷산인 우암산(354m)은 도심과 가깝고 산세가 완만해 주말에 가벼운 트레킹을 즐기려는 사람들이 꽤 찾는다.

수암골은 한국 전쟁 이후 피란민들이 모여 살면서 지금의 모양을 갖췄다. 산업화가 한창일 때에는 개발에 쫓겨난 사람들까지 모여들어 청주를 대표하는 달동네가 되었다. 그렇게 도심의 어두운 그림자가 되어 오랜 시간을 생명 없는 회벽색의 시멘트처럼 무심하게 보냈다. 그러던 2007년, 청주의 예술 단체들이 '추억의 골목여행'이라는 주제로 이곳에 다양한 벽화를 그렸다. 칙칙하고 암울해 보였던 마을에 익살스럽고 해학적인 벽화가 그려졌다. 정감 어린 그림들이 마을 사람들에게 웃음 바이러스를 퍼뜨렸다. 소문은 퍼졌고, 드라마 〈카인과 아벨〉, 〈제빵왕 김탁구〉가 이곳에서 촬영하기에 이르렀다. 그 후로 수암골은 더는 잊힌 달동네가 아니다. 주말은 물론이고, 평일에도 카메라를 든 사람들이 골목을 누비고 다닌다. 찾는 사람들이 늘자 젊은 연인들이 좋아할 만한 예쁜 카페와 고급스러운 테마형 카페, 실속형 밥집까지 다양하게 들어섰다.

마을 주민을 닮은 수암상회 벽화

짚신 삼는 할아버지

수암골을 대표하는 전봇대 벽화

수암골 전망대에서 내려다본 청주 시내　　　　　　　수암골의 귀염둥이 강아지, 번개

수암골에서 챙겨 봐야 할 곳

수암골을 둘러보는 데는 1시간이면 충분하다. 하지만 깊이 있는 여행을 하고 싶다면 마을 사람들의 삶을 조금이라도 들여다보자. 수암골을 오르다 보면 왼편에 다소 넓은 공터가 있는데 마을 사람들이 '하늘다방'이라 부르는 곳이다. 이정표나 팻말이 없어 그냥 지나치기 쉽다. 하늘다방에는 네다섯 명이 앉아 도란도란 이야기를 나눌 수 있는 평상이 놓여 있다. 가끔 동네 어르신들이 막걸리를 내놓고 담소를 나누기도 한다. 일몰을 구경하기에 좋은 곳이다.

수암골 벽화는 다른 곳에 비해 익살스럽고 재기발랄하다. 진짜 목줄이 매달려 있는 강아지 그림은 기발함을 더한다. 토속적인 민화, 화사한 꽃밭을 옮겨 놓은 멋진 유화, 지난 시절을 추억하게 하는 새마을운동 로고, 귀여운 강아지와 고양이, 언덕길을 올라가는 아이, 타일로 만든 벽화 등 그 종류만 해도 40여 가지가 넘는다. 마을 정상부에 있는 전망대에 서면 청주 시내가 한눈에 들어온다. 먼발치에서 화려하게 빛나는 고층 아파트 조명보다 수암골의 가로등 불빛이 더 정겹게 보인다.

청주 이곳저곳 누비기

청주 나들목으로 진입해서 시내로 들어서는 순간 눈이 휘둥그레진다. 하늘을 빽빽하게 가린 굵디굵은 플라타너스 가로수길 때문이다. 특히 초여름부터 초가을까지 이어지는 초록의 너울거림은 영화의 한 장면처럼 드라마틱하다. 중앙 분리대와 갓길 분리대까지 모두 플라타너스가 심어져 있다. 이 길을 차를 타고 지나치기 아쉽다면 가로수길 중간에 있는 육교 위로 올라가 시원스레 이어지는 플라타너스 물결을 감상해보자.

상당산성은 삼국 시대부터 청주의 수호성 역할을 했다. 상당산 능선을 따라 성벽이

낭만적인 플라타너스 길   상당산성   고인쇄박물관

4.2km가량 이어진다. 본디 토성이었던 것을 조선 숙종(1716년)때 석성으로 다시 쌓았다. 봄에는 철쭉과 벚꽃이 만발하고, 여름에는 실록이 우거진다. 가을에는 성벽을 따라 걷는 사람들이 많다. 계절 변화를 앞서 느낄 수 있기에 청주 시민들의 사랑을 듬뿍 받는 곳이다. 유유자적 성곽 걷기가 끝나면 한옥마을 식당가에서 토속 음식을 맛보고 상당산성자연휴양림과 청주랜드, 국립청주박물관 등을 찾아도 좋다.

고인쇄박물관은 현존하는 세계에서 가장 오래된 금속활자본 자료와 유물들을 모아둔 곳이다. 직지는 독일의 금속활자본 '구텐베르크 42행 성경'보다 78년 앞선 1377년에 간행되었다. 박물관 내에서는 금속활자의 의미와 종류, 인쇄술의 발전 과정 등 다양한 인쇄 역사를 만날 수 있다. 납활자와 전사인쇄 체험을 미리 신청하면 무료로 이용할 수 있다.

> **info.**
>
> **대중교통**
> 센트럴시티터미널-청주고속버스터미널(1시간 40분 소요), 고속버스터미널앞 정류장에서 511번 버스 승차 후 우암초등학교앞 정류장 하차(36분 소요) / 문의: 센트럴시티터미널(02-6282-0114), 청주고속버스터미널(043-238-8880)
>
> **내비게이션**
> 청주수암골(충청북도 청주시 상당구 수동 1, 043-200-2231), 청주가로수길(충청북도 청주시 흥덕구 휴암동), 상당산성(충청북도 청주시 상당구 산성동), 고인쇄박물관(충청북도 청주시 흥덕구 직지대로 713, 043-201-4266)
>
> **어디서 묵을까**
> 라마다플라자청주호텔(043-290-1000)은 청주 중심부에 있는 특급 호텔로 실내 수영장, 영화관과 뷔페 스카이라운지를 갖추고 있다. Y호텔(043-908-6677)은 깔끔한 시설에 합리적인 가격대이다. 아침 조식이 나오며 야외 테라스가 있고 월풀 스파가 가능하다.
>
> **무엇을 먹을까**
> 상당집(043-252-3291)은 청주 사람들에게 소문난 맛집이다. 워낙 손님이 많아 합석은 기본. 100% 콩으로 만든 두부와 비지장, 청국장이 인기다. 셀프로 제공되는 손두부는 몇 번을 먹어도 눈치 주는 일이 없다. 드라마 〈영광의 재인〉 촬영장으로 알려진 영광이네(043-224-2332)는 국수와 짬뽕이 맛있다. 김탁구보리빵과 단팥빵, 야채고로케 등도 간식으로 권할 만하다.
>
>
> 청국장
>
> 문의: 청주시청 관광과(043-201-2042~4)

서울 이화동 벽화마을

서울 낙산공원 아래 이화동은 일제 시대에 지어진 적산 가옥이 많이
남아 있는 동네이다. 2006년 '낙산프로젝트'를 통해 70명의 작가가
참여하여 동네 곳곳에 그림을 그리고, 조형물을 설치하기 시작했다.
단순히 지역의 시각적인 환경만 개선한 것이 아니라 동네 역사와
주민의 기억을 작품으로 만들었다. 이후 각종 영화와 드라마에
소개되면서 명소로 거듭났다. 꽃 계단과 날개 벽화가 유명하다.
문의: 이화동주민센터(02-2148-5303)

(그밖의 대표적인
벽화마을 여행지)

인천 송월동 동화마을

개항기의 역사를 간직한
중구에 자리한다. 처음에는
중국인들이 모여 살면서
차이나타운이 만들어졌고,
독일인을 비롯한 외국인들도
들어와 거주하고 있다.
전 세계 동화를 테마로 해서
조성되었으며, 아기자기한
색감이 환상적이다.
자유공원에서 월미도까지
개항기 인천의 흔적들이 남아
있어 볼거리가 많다.

주소: 송월동 동화마을(인천광역시
중구 자유공원서로45번길 52)

전주 자만벽화마을

전주 한옥마을의 오목대에서 이목대로 가는 육교를 건너면
벽화마을이 나온다. 오목대와 이목대를 연계한 문화역사길인
'도란도란 시나브로길'과 '천사의 길'이 조성되어 있다. 전주의 멋과
맛을 담거나, 주민들의 정서를 담아 벽화를 완성했다. 곳곳에 전망
좋은 카페가 있어 잠시 쉬어 가기 좋다.

주소: 자만벽화마을(전라북도 전주시 완산구 교동)

한국의 산토리니
부산 감천문화마을

꿈꾸는 부산의 마추픽추, 그 꿈을 이루다

부산 사람들은 감천동을 '태극도마을'이라 부른다. 한국 전쟁 이후 피란민들이 모여 살던 곳에 신흥 종교인 태극도 신도들이 집단 거주하면서 마을이 크게 확장되었기 때문이다. 좁고 비탈진 터에 많은 사람이 살다 보니 집을 계단식으로 다닥다닥 붙여서 지을 수밖에 없었다.

지금의 감천문화마을이 있게 된 계기는 2008년 재개발사업의 무산이다. 마을의 슬럼화를 막기 위해 뜻있는 예술가들이 모여 '2009 마을미술프로젝트-꿈꾸는 부산의 마추픽추'를 시작했다. 10년이 채 되지 않아 감천문화마을은 해운대, 태종대와 함께 부산의 3대 관광 명소가 되었다. 산복도로는 산 중턱을 지나는 도로로, 땅이 좁다 보니 궁여지책으로 놓은 길이다. 감천문화마을은 산복도로 한가운데 자리하기 때문에 비탈진 도로를 유유히 다니는 마을버스를 자주 볼 수 있다. 마을 여행은 A코스와 B코스로 나뉜

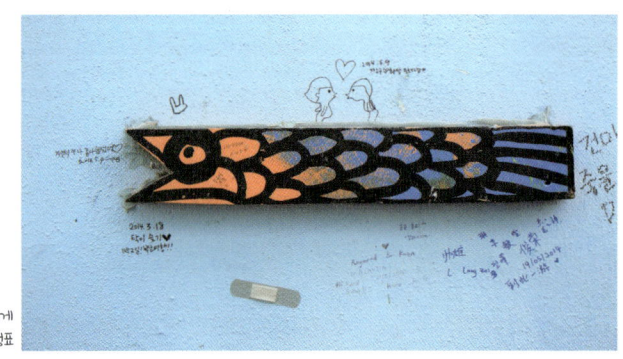

미로 같은 골목길에서도 길을 잃지 않게
해주는 물고기 이정표

그리스 산토리니를 닮은 감천문화마을 →

258

다. 두 코스 모두 감정초등학교 공영주차장 앞에서 출발한다. 감천문화마을은 마을 전체가 거대한 미로다. 사이좋게 늘어선 집들 사이로 끝을 알 수 없는 길이 거미줄처럼 엉켜 있다. 하지만 길을 잃을까 걱정할 필요는 없다. 골목길마다 헤엄치고 있는 친절한 물고기 표시가 방향을 알려줄 테니. 마을 입구에 있는 안내센터에서 마을안내지도를 사면 도움이 된다. 지도에는 꼭 들러야 할 포토존과 방문 스탬프를 찍는 곳, 각종 갤러리의 위치 등 깨알 정보가 가득하다.

A·B코스의 보물을 찾아라

A코스는 '골목을 누비는 물고기' 벽 조형물 앞에서 시작한다. 지금의 감천문화마을이 있게끔 산파 역할을 한 진영섭 작가의 작품이다. 하늘을 올려다보면 가방을 멘 새들이 나를 쳐다보고 있어 흠칫 놀란다. 전영진 작가의 '달콤한 휴식'이다. 작가는 새들이 메고 있는 가방에 사랑과 기쁜 소식이 담겨 있다고 상상했다. 손몽주 작가의 '어둠의 집'도 챙겨 보자. 빛과 어둠이라는 상반된 이미지를 보여줌으로써 공존과 대립을 이야기한다. 큰길을 따라 걷다가 왼쪽 길로 접어들면 어린 왕자가 난간에 걸터앉아 감천문화마을을 내려다보고 있다. 이곳은 누구나 기념사진을 찍는 으뜸 명소이다. 바닥에 무지

개가 피어오르는 모습을 형상화한 '무지개가 피어나는 마을' 조각이 보이면 아래 골목으로 접어들면 된다. 골목길은 숨통을 조일 듯 좁다. 마주 오는 사람과 어깨가 부딪힐 것 같다. '바람의 집', '빛의 집' 갤러리를 지나 걸어가면 출발지인 진영섭 작가의 작품이 나온다. 평화의 집, 빛의 집, 북카페에서 스탬프를 찍을 수 있다.

B코스는 감정초등학교 공영주차장을 지나야 한다. 주차장을 지나 몇 걸음 옮기면 '작은 박물관'이 나온다. 마을의 옛 모습을 담은 추억의 사진들과 과거 생활용품이 전시되어 있다. 마을 최고의 전망을 자랑하는 '하늘마루'도 챙겨봐야 한다. 마을에 입주한 작가 공방에 들러보는 것도 좋다. 천연염색 공방, 생태공예 공방, 도자기 공방 등 입맛에 따라 골라 들어가면 된다. 카툰 공방에 가면 작가가 그려준 밑그림에 직접 개성 넘치는 채색을 더해 자화상을 완성할 수 있다.

부산 이곳저곳 누비기

용두산공원은 서울의 남산 같은 곳이다. 공원 중앙에 있는 부산타워 정상부에 설치된 등대는 우리나라에서 가장 높은 등대(120m)이다. 부산타워에 오르면 부산항의 아름다움이 파노라마처럼 펼쳐진다. 한국 전쟁 당시, 판잣집이 산꼭대기까지 가득했지만 두

광복동거리

자갈치시장

임시수도기념관

차례에 걸친 대화재로 민둥산이 되었다. 하지만 이후 잘 가꾸어 부산을 대표하는 공원으로 탈바꿈했다. 주변에는 피란민들의 힘겨운 삶을 대변하는 40계단과 부산국제영화제의 중심지 남포동 BIFF거리, 오랜 전통을 자랑하는 보수동 책방골목, 영화 촬영지로 유명한 국제시장 등 연계 관광지가 많다. 남포동 쪽에서 에스컬레이터를 이용하여 공원 입구까지 올라갈 수 있다.

자갈치시장은 '오이소, 보이소, 사이소'의 주인공, 자갈치 아지매로 유명하다. 매년 10월 중에 부산자갈치축제가 열린다. 부두를 따라 늘어선 좌판에서는 비릿한 바다 내음과 싱싱한 해산물, 자갈치 아지매들의 거친 입담이 어울려 독특한 항구의 낭만이 일렁인다. 꼼장어연탄불구이와 생선구이 집이 늘어서 있다.

임시수도기념관은 원래 경상남도 도지사 관사였으나 한국 전쟁 당시 이승만 전 대통령 관저로 사용되었다. 1층의 응접실과 서재, 내실, 거실, 식당, 증언의 방, 생각의 방 등 8개의 방은 임시 수도 시절을 재현한 것이다. 기념관 내부에는 전쟁과 삶을 주제로 한국 전쟁을 조망하고 피란민의 생활, 꺼지지 않는 예술혼을 다룬 전시물이 진열되어 있다.

info.

대중교통 서울고속버스터미널-부산서부시외버스터미널(4시간 30분 소요), 서부시외버스터미널 정류장에서 161번 버스 승차 후 부산대학병원 정류장 하차, 마을버스로 환승해 감정초등학교 정류장 하차(51분 소요) / 문의: 서울고속버스터미널(1688-4700), 부산서부시외버스터미널(1577-8301)

내비게이션 감천문화마을(부산광역시 사하구 감내2로 177-11, 051-293-3443), 용두산공원(부산광역시 중구 용두산길 37-55, 051-860-7820), 자갈치시장(부산광역시 중구 자갈치해안로 52, 051-245-2594), 임시수도기념관(부산광역시 서구 임시수도기념로 45, 051-244-6345)

어디서 묵을까 강렬한 동양적 분위기가 인상적인 코모도호텔(051-466-9101)은 이순신 장군의 이미지를 담아 지은 호텔이다. 앞이 볼록한 건물 디자인은 부산 앞바다의 풍경을 넓게 멀리까지 볼 수 있게 고안한 것으로 전망이 최고다. 중구 동광동에 있는 타워호텔(051-243-1001~2)은 송도해수욕장, 자갈치시장, 국제시장에서 차로 10분 거리라 교통이 편리하다.

무엇을 먹을까 부산 동래 복천동에 있는 동래할매파전(051-552-0792)은 4대가 70년째 동래파전의 맛을 지켜온 곳으로 부산민속음식점 1호로 지정받았다. 파를 두툼하게 올리고 밀가루 반죽과 오징어, 달걀을 풀어 먹음직하게 내놓는 파전의 원조라 할 수 있는 곳이다. 동래파전은 물론이고 버섯파전, 고동찜, 가오리무침, 약초전병무침 등 메뉴가 다양하다.

문의: 부산광역시청 관광마이스과(051-888-5212), 부산역관광안내(051-441-6565)

동래파전

경주 읍천항 벽화마을

동해의 읍천항 주변 마을에 벽화가 그려져 있다. 마을 어부의 삶을 비롯해 동물과 꽃, 영화 주인공까지 테마가 다양하다. 2010년 제1회 벽화 공모전 작품 53점으로 시작해 현재 1.7km에 걸쳐 200점이 넘는 벽화가 그려져 있다.

문의: 경주시청 문화관광과
(054-779-6079)

통영 동피랑마을

동피랑마을은 일제 강점기 통영항과 중앙시장으로 외지인들이 몰려들면서 생겨났다. 마을이 철거 대상이라는 소식을 듣고, 전국의 미술가와 학생들이 몰려들어 마을 담장에 벽화를 그리면서 알려지기 시작했다. 통영 강구안이 한눈에 보이는 높은 언덕에 자리하고 있어 일몰과 야경 사진 촬영지로 유명하다.

문의: 통영관광안내소
(055-650-4680~1)

그밖의 대표적인 벽화마을 여행지

동해 묵호 논골담길

묵호항이 활기 넘쳤던 그때 그 시절, 묵호등대 주변 사람들의 역사와 문화적 감성을 2010년부터 벽화에 그려냈다. 오징어 말리는 모습, 커다란 봇짐을 머리에 인 슈퍼맨 할머니, 고단한 삶을 마다치 않았던 지게꾼 아버지 등 묵호의 과거와 현재가 벽화를 통해 조명된다.

문의: 동해시청 관광과(033-530-2231)

대구 근대문화골목
VS
군산 원도심

대구 근대문화골목은 한국을 사랑했던 선교사들의 행적과 헌신을
되새길 수 있는 공간이다. 서정적이고 이국적인 풍광에 서문시장의
푸짐한 난전 음식까지 더하니 더 바랄 게 없다. 군산 원도심은 소설
《탁류》의 배경으로 일제 강점기 수탈의 역사를 되짚어 볼 수 있다. 영화
촬영지로 자주 등장해서 길을 걷다 보면 낯익은 풍경 앞에 서게 된다.
과거로의 시간 여행을 떠나고 싶다면 두 곳 모두 최고의 여행지라 할
만하다.

근대문화골목 ↑   원도심 ↓

근대 문화 여행의 성지
대구 근대문화골목

청라언덕 위에 백합 필적에

대구골목투어 제2코스 근대문화골목여행은 1.64km의 짧은 구간이지만 근대로의 색다른 여행을 즐길 수 있다. 일본 후쿠오카에서 열렸던 '2013 아시아 도시 경관상'에서 대상, '한국 관광의 별', '한국인이 꼭 가봐야 할 곳 100선'에 선정되었다. 매주 토요일 오전 10~12시에 선교사박물관 앞에서, 오후 2~4시에는 이상화고택 앞에서 해설사의 설명과 함께하는 정기 투어도 진행된다.

이은상선생이 노랫말을 짓고, 박태준 선생이 곡을 붙인 가곡 〈동무 생각〉 중에 '봄의 교향악이 울려 퍼지는 청라언덕 위에 백합 필적에'라는 구절이 있다. 노랫말에 나오는 청라언덕은 대구 계명대학교 동산의료원이 자리한 언덕이다. '청라'란 푸른 담쟁이를 가리키는 말로, 이곳에 담쟁이가 많아서 붙여진 이름이다. 지금도 여름이면 담쟁이가 선교사가옥 벽을 도배하듯 에워싼다.

선교사 가옥은 모두 세 채. 어디선가 톰 소여가 친구 허클베리 핀을 부르며 뛰어나올 것같은 이국적인 모습이다. 선교사들의 이름을 따서 스윗즈 주택, 챔니스 주택, 블레어 주택이라 부른다. 이들 선교사가 경북 지역에 기독교를 전파했다. 19세기 말, 미국 북 장로교 브루언 선교사는 당시 대구읍성을 바라보며 '다윗의 망대가 서 있는 예루살렘 같다'고 했다. 그리고 이곳을 중심으로 선교사들에 의해 경상북도 최초의 교회와 근대식 학교, 병원이 세워졌다. 이로써 대구의 근대화는 급속도로 빨라졌다. 선교사들은 광야에서 길을 잃은 우리 민족에게 빛과 소금이 될 복음을 전한 것이다.

90계단이라 불리는 3.1만세계단

언제나 태극기가 휘날리는 3.1만세계단

청라언덕에 자리한 선교사 가옥

진골목에 세워진 소설 《마당깊은 집》의 어머니 동상

기독교는 대구 근대화에서 떼려야 뗄 수 없는 중요한 자리를 차지하고 있다.
소설 《마당깊은 집》의 흔적 역시 골목여행의 재미를 더한다.

스윗즈 주택(선교박물관)

선교박물관 내부

박해를 무릅쓰고 복음을 전하다

스윗즈 주택은 1910년에 세워진 건물이다. 1999년부터 선교박물관으로 사용 중이다. 실내에는 우리나라 기독교 역사를 확인할 수 있는 각종 사진과 희귀 자료들이 있어 볼 만하다. 건물을 받치고 있는 돌들은 대구읍성의 돌로써 역사적 가치가 있다. 의료박물관으로 사용하고 있는 챔니스 주택에는 각종 수술 도구들이 전시되어 있어 눈길을 끈다. 은혜의 정원 선교사 묘역에는 모두 16개의 묘석이 있다. 그중에는 20대 젊은 나이에 순교한 선교사와 태어난 지 10일 만에 죽은 선교사의 자녀의 것도 있다. 또한 미국에서 타계했음에도 한국 땅에 묻히고 싶다는 유언에 따라 이장한 선교사의 무덤도 있다. 목숨을 내놓고 복음을 전한 그들의 숭고한 사랑에 감사하며 머리를 숙이게 된다.

청라언덕 제일교회 신관을 따라 내려가면 계산성당으로 향하는 90계단이라 불리는 3.1만세운동길이 나온다. 대구 최초의 3.1만세 운동은 서문시장 장날인 1919년 3월 8일에 불을 댕겼다. 운동을 주도했던 인물은 선교사들이 세운 계성학교·신명여학교·성경학교 학생들과 이만집 목사를 비롯해 제일교회, 서문교회 등 대구 지역의 교회 장로와 신자들이다. 계단에 전시된 당시의 흑백 사진을 보고 있으면 어디선가 '조선 독립 만세!'라고 외치는 소리가 들릴 것 같다.

계산성당 정문 왼쪽 길을 따라 골목길로 접어들면《빼앗긴 들에도 봄은 오는가》를 남긴 이상화 시인의 고택이 나온다. 맞은편에는 국채보상운동을 최초로 펼쳤던 서상돈 선생의 고택이 있다. 130여m를 더 걸어가면 담쟁이가 인상적인 옛 제일교회가 이국적인 모습을 뽐낸다. 현대백화점 뒷골목을 따라 걷다 보면 소설가 김원일이 쓴《마당 깊은 집》의 주인공 길남이와 어머니 동상이 옛 시간에 멈춰 서 있다. 이 일대를 진골목이라 부르는데, 소설의 배경이 된 곳이다.

향촌문화관

경찰역사체험관

건물 자체가 문화 유산인 대구근대역사관

도심 속의 공원이 된 경상감영

대구 이곳저곳 누비기

경상감영공원은 대구 지하철 1호선 중앙로역에서 걸어서 5분 거리에 있다. 인근에 대구 근대역사관, 대구중부경찰서, 교동시장, 제화골목, 북성공구골목, 향촌문화관, 대구역 등이 모여 있어 대구 근대 문화가 태동한 현장이라 할 만하다. 1970년 공원을 조성하면 서 하마비를 비롯해 감사가 업무를 보던 선화당, 감사의 숙소로 사용하던 징청각 등을 함께 고쳐 지었다.

대구근대역사관은 2011년 개관한 이후 한 해 10만 명 이상이 찾는 명소다. 1932년 조선 식산은행 대구지점으로 세워졌다가 1954년부터 한국산업은행 대구지점으로 이용된 근 대문화유산이다. 1929년 7월 대구에서 처음 운행한 부영버스 영상체험실에 들어가면 부영버스를 타고 근대로 시간 여행을 떠날 수 있다. 영상에 나오는 버스 안내양이 대구 사투리로 맛깔스럽게 진행해 외지인들에게 재미를 선사한다.

경상감영공원에서 대구역 방향으로 가다 보면 교동시장 못미처 향촌문화관이 있다. 2014년에 문을 연 곳으로 대구 도심 여행의 중심지로 떠오르고 있다. 향촌동은 경상감 영의 화약고가 있던 자리다. 대구역이 들어서고 읍성이 헐리면서 도시의 새로운 중심으 로 자리 잡았다. 1층에는 향촌동의 흥망성쇠와 과거 번화가의 모습, 2층에는 문인들이 모여 문학과 예술을 논하던 다방과 주점, 음악감상실 등을 재현해 놓았다. 3층부터 4층 까지는 대구문학관이다.

info.

대중교통 서울고속버스터미널–서대구고속버스터미널(3시간 50분 소요), 만평네거리 정류장에서 427번 버스 승차 후 섬유회관앞 정류장 하차(24분 소요) / 문의: 서울고속버스터미널(1688-4700), 서대구고속버스터미널(1666-2600)

내비게이션 계명대학교 동산의료원(대구광역시 중구 달성로 56, 053-250-7114), 대구근대역사관·경상감영공원(대구광역시 중구 경상감영길 67, 053-606-6430), 향촌문화관(대구광역시 중구 중앙대로 449, 053-661-2331)

어디서 묵을까 유니온호텔(053-252-2221)은 대구 중심부에 있어 교통이 편리하다. 동대구역, 대구공항, 동양고속버스터미널이 가깝고 약령시장과 젊음의 거리인 동성로가 멀지 않다. 세인트웨스트호텔(053-589-6700)은 달서구에 있는 특2급 호텔이다. 밤에 10m 높이에서 떨어지는 폭포수가 인상적인 인공폭포에 각양각색의 조명이 비쳐 화려하다.

무엇을 먹을까 대구전통따로식당(053-257-1476)은 30년 이상 한자리에서 영업해온 따로국밥 전문점이다. 다른 곳과는 다르게 소면이 함께 나온다. 대덕식당(053-656-8111)은 대구 사람이라면 누구나 알 만한 선짓국밥으로 유명한 맛집이다. 40년 전통의 맛을 유지하는 비결은 신선한 재료와 좋은 양념 등 음식의 기본에 충실한 데 있다.

선짓국밥

문의: 대구시청 관광과(053-803-0114), 약령시관광안내소(053-661-3324)

부산 이바구길

한국 전쟁과 피란 시절을 거치면서 형성된 달동네, 산복도로의
삶을 이곳에서 만날 수 있다. 부산의 1호 근대식 종합병원인
옛 백제병원에서 시작하여 168계단을 오르면 부산항을 한눈에
품을 수 있는 김민부전망대에 다다른다. 청십자운동의 창시자
장기려박사기념관, 유치환 우체통을 지나 게스트하우스
이바구충전소와 까꼬막까지 볼거리가 넘쳐난다.

문의: 부산 이바구길(051-467-7887)

그밖의 대표적인
근대 문화 여행지

광주 양림동 역사문화길

광주 양림동은 100년 세월을 품고 있는 근대 역사의 보물창고이다.
일제 강점기를 거치면서 학교와 병원을 세웠던 선교사들의 흔적이
고스란히 남아 있다. 1911년 건립한 수피아홀과 1920년대 지은
윈스보로홀이 있는 수피아여학교, 월슨 선교사 자택을 비롯한 근대
건축물이 곳곳에 있다.

문의: 양림동주민센터(062-607-4502)

서울 정동길

서울에 얼마 남지 않은
고풍스러움을 간직하고
있는 동네이다. 1927년에
세워진 한국 최초의 방송국인
경성방송국, 1896년
창간된 우리나라 최초의
순국문판 신문인 독립신문
발행지, 1886년 미국
선교사 스크랜턴이 설립한
이화학당, 옛 미국공사관과 옛
러시아공사관 등 근현대사를
아우르는 격동의 역사 현장을
모두 품고 있는 길이다.

문의: 정동문화축제 사무국
(02-3701-1601)

근대소설《탁류》의 배경지
군산 원도심

멈춰버린 역사의 현장

곧은길보다 우리네 삶처럼 구불구불한 길이 걷는 맛이 있다. 군산에서는 근대와 현대가 만나고, 자연과 도시가 만나는 길을 '구불길'이라 부른다. 구불길의 백미는 '탁류길'이다. 걸어도 좋고 자전거를 타도 좋다. 이 길은 채만식의 소설《탁류》의 배경이 된 곳이다. 소설은 1920~30년대 도시 밑바닥에서 점차 몰락해가는 삶을 사는 하층민들의 모습을 생생하게 보여준다. 제목에 걸맞게 등장인물들 역시 온갖 비극적 요소가 뒤엉킨 '탁류(濁流)'처럼 타락한 군상들이다. 그들이 이룬 사회 역시 같은 선상에 있다. 작가는 위선과 음모, 살인과 악이 횡행하는 모습을 통해 당시 사회를 보여준다. 일제강점기의 잔재를 보고 느끼며 그 옛날 민족의 아픔을 되새기는 문학로드인 셈이다.

군산은 1899년 5월 각국조계지로 개항했다. 그래서 이사청 건물, 군산부 청사, 미곡검사소 등 근대 양식의 건축물들이 많다. 특히 내항사거리에 있는 조선은행, 18은행, 미즈상사, 적산가옥 등은 근대건축관, 근대미술관 등으로 재개관하여 관람객을 맞고 있다.

체험 가능한 근대역사박물관

이외에도 영화동, 월영동 일대에 170여 점의 근대 건축물들이 흩어져 있다. 군산은 걷는 것 자체가 과거로의 시간 여행이다. 총거리는 6km이며, 소요 시간은 2시간 정도 걸린다.

첫 출발지는 근대역사박물관이다. 근대생활관, 해양물류역사관, 어린이체험관, 기획전시실 등으로 구성되어

일본식 적산가옥으로 지어진 고우당게스트하우스 ↑

근대역사박물관의 인력거 체험 ↓

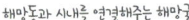
해망동과 시내를 연결해주는 해망굴

옛 조선은행 군산지점이 있었던 근대건축관

있고, 포토존에서는 1930년대로 돌아가 인증사진을 찍을 수 있다. 또한 '살아 있는 박물관 연극 공연'은 이곳에서만 볼 수 있는 이색 볼거리로, 소설 《탁류》의 미두장 앞 정주사 장면, 소설 《아리랑》의 부둣가 노동자의 삶과 쌀 수탈 장면, 군산 영명학교와 3.1 만세 운동, 파란 눈의 선교사가 복음을 전하는 장면 등을 선보이고 있어 큰 인기다.

시간 여행자를 위한 중요 지점

근대역사박물관 왼편에는 옛 군산세관이 있다. 1908년에 벨기에에서 수입한 벽돌로 건물을 지었다. 서울역, 한국은행 본점과 같은 건축 양식이어서 낯설지 않다. 우리나라에 현존하는 서양 고전주의 3대 건축물 중 하나다. 실내에는 세관으로 쓰일 당시의 소품들이 전시되어 있어 퇴색한 옛 영화를 보여준다.

수덕산공원과 군산서초등학교를 지나면 해망굴을 마주한다. 일제가 수탈을 목적으로 1926년 군산 내항과 시내를 연결한 터널이다. 한국 전쟁 때에는 인민군 지휘소로 사용한 탓에 연합군이 발포한 총탄의 흔적들이 남아 있다. 해망굴을 통과해 오른쪽 가파른 길을 오르면 월명공원이다. 2월에 동백꽃, 4월에 벚꽃이 피어 관광객을 불러 모은다. 15분 정도 걸어가면 영화 〈장군의 아들〉, 〈타짜〉를 촬영한 신흥동 일본식 가옥에 이른다. 군산에서 포목장사를 했던 일본인 히로스의 집이었기에 일명 '히로스가옥'이라 부른다. 아쉽지만 보존을 위해 내부는 개방하지 않는다. 히로스가옥이 있는 골목길에서는 적산가옥들을 쉽게 찾아볼 수 있다. 일제 강점기 당시 계획도시였던 터라 바둑판처럼 반듯반듯하게 길이 났다. 가까운 초원사진관은 영화 〈8월의 크리스마스〉를 촬영한 곳이다. 사진도 찍고 내부 시설을 관람할 수 있으니 챙겨 보자. 1945년에 문을 연 이성당 빵집은 우리나라에서 가장 오래된 빵집이다. 주말에는 단팥빵을 사기 위해 짧게는 10분, 길게는 1시간씩 줄을 서기도 한다. 옛 조선은행 군산지점은 군산근대건축관으로 변신해 문을 열었다. 일본인이 운영하던 옛 미즈상사 또한 미즈카페로 이름을 바꿔 운영하고 있다. 부잔교(뜬다리)를 챙겨 보는 것도 잊지 말자. 조수 간만의 차가 생겨도 배가 자유롭게 드나들 수 있게 일제가 만든 다리이다.

군산 이곳저곳 누비기

'반짝이는 물결이 파도친다'는 뜻의 은파유원지는 조선 시대에 축조된 인공 저수지다. 김정호의 대동여지도에도 표시된 만큼 역사성 또한 무시할 수 없다. 4월경에는 화사한 벚꽃이 만발해 터널을 이룬다. 바람이 불면 꽃비가 휘날리며 몽환의 거리로 변한다. 야간 조명을 받으면 그 분위기는 더욱 환상적이다. 여름에는 상큼한 아카시아향을, 가을에는 낭만적인 가로수길을 제공한다. 특히 국내 유일의 보도 현수교인 물빛다리는 이곳의 자랑이다. 화려한 조명이 켜지는 야간에는 그 고운 자태를 사진으로 남기려는 사

근대역사박물관 실내전시관

히로스가옥으로 알려진 신흥동 일본식 가옥 내부

일본식 적산가옥으로 지어진 게스트하우스

영화 촬영지로 알려진 초원사진관

은파유원지

경암동 철길마을

람들이 많다. 주변에 분위기 좋은 카페와 맛집들이 속속 들어서면서 연인들의 데이트 코스로 주목받고 있다.

'기찻길 옆 오막살이 아기아기 잘도 잔다' 동요 노랫말처럼 방문을 열면 기찻길이 놓인 곳이 있다. 아날로그적 감성이 짙게 묻어나는 경암동 철길마을이 그곳이다. 1944년 4월에 놓인 이 철길의 본래 이름은 '페이퍼코리아선'이다. 조촌동에 위치한 신문용지 제조업체 '페이퍼코리아'의 생산품 및 원료를 실어 나르기 위해 군산역과 공장 사이에 약 2.5km의 철길을 놓은 것. 이중 여행자들이 많이 찾는 구간은 경암사거리에서 주유소에 이르는 1.1km 구간이다. 지금은 기차가 다니지 않지만 빈티지 여행명소로 알려졌다. 영화 〈남자가 사랑할 때〉 촬영지로 유명하다. 여행자를 위한 카페와 쉼터가 마련되어 있다.

info.

대중교통 센트럴시티터미널-군산고속버스터미널(2시간 30분 소요), 팔마광장터미널 정류장에서 8번 버스 승차 후 근대역사박물관 정류장 하차(17분 소요) / 문의: 센트럴시티터미널(02-6282-0114), 군산고속버스터미널(063-445-3824)

내비게이션 군산근대역사박물관(전라북도 군산시 해망로 240, 063-454-7870), 은파유원지(전라북도 군산시 미룡동 53-15, 063-462-8760), 군산연안여객터미널(전라북도 군산시 소룡동, 063-472-2711~2)

어디서 묵을까 은파유원지 인근에 깨끗한 모텔들이 많아 숙박에는 전혀 지장이 없다. 군산 원도심권에 있는 고우당(063-443-1042)은 일본식 가옥을 게스트하우스로 개조해 운영하고 있다. 신축이어서 시설이 깨끗하고, 펜션 형태의 객실도 있다.

무엇을 먹을까 1945년에 문을 연 군산에서 가장 오래된 빵집 이성당(063-445-2772), 짬뽕이 맛있는 쌍용반점(063-443-1259)이 유명하다. 싱싱한 회를 저렴하게 먹을 수 있는 곳은 해망동수산물센터(063-442-4822)와 비응항수산물센터 등이다.

문의: 군산시청 관광진흥과(063-454-3330)

싱싱한 회

강경 역사문화길

금강 하류에 있는 강경은 강경포구를 중심으로 한 세기 동안 조선
3대 시장의 명성과 영화를 누렸다. 이후 개항기에 근대 문물과 함께
기독교를 받아들였고, 선교사들이 들어와 학교와 교회를 세웠다.
그때 지은 건물들은 지금도 그대로 남아 있다. 전국 젓갈 유통의
70%를 차지하는 강경젓갈시장과 함께 강경침례교회 최초 예배지,
강경근대역사관, 강경노동조합 등 많은 근대 유적지를 따라
네 코스로 답사길이 만들어져 있다.

문의: 논산시청 관광체육과(041-746-5401~3)

그밖의 대표적인 근대 역사 여행지

인천 개항누리길

인천은 우리나라 최초로 근대 역사가 시작된 곳이다. 중구에는
개항 당시의 중국과 일본의 근대 건축물이 남아 있다. 옛
일본제1은행지점 건물은 인천개항박물관으로 리모델링되었다.
목조 트러스트 위에 일본식 기와를 얹은 옛 일본18은행 건물은
인천 개항장 근대건축전시관으로 쓰이고 있다. 그 외에도
문화예술복합공간인 인천아트플랫폼, 짜장면박물관 등이 있다.

문의: 인천종합관광안내소(032-777-1330)

목포 근대역사문화길

목포는 과거 개항장으로
일제 수탈의 역사가 아로새겨
있다. 목포역에 내려서 2시간
정도면 도시를 다 돌아볼 수
있다. 호남은행이 있던 붉은
벽돌의 목포문화원을 지나
적산가옥들이 있는 거리로
가다 보면 목포근대역사관이
나온다. 옛 동양척식주식회사
건물이다. 1, 2번 국도의
시작점 표지석 뒤로
일본영사관 건물이 있는데,
목포 근대 건축물 중 가장
오래되고 큰 것이다. 인근에
이훈동정원은 호남 지역에
남아 있는 것 중 규모가 가장
큰 일본식 정원이다.

문의: 목포근대역사관
(061-270-8728)

서울 하늘공원
VS
부산 시민공원

가까운 곳에 진리가 있다. 여행지를 고르는 데 있어 매우 중요한
원칙이다. 지하철과 시내버스로 쉽게 갈 수 있지만 가깝다는 이유로
찾지 않았던 도시 공원. 일상에서 그냥 훌쩍 떠나고 싶은 당신에게 서울
하늘공원과 부산 시민공원은 최적의 장소이다. 두 공원 모두 봄부터
가을까지가 제철이다. 하늘공원은 출사지로, 시민공원은 휴식과 체험
장소로 테마를 잡으면 좋다.

하늘공원 ↑   시민공원 ↓

하늘을 담는 그릇
서울 하늘공원

쓰레기 산에서 하늘을 담는 공원으로

하늘공원은 월드컵공원 중 가장 하늘과 가까운 곳이다. 봄여름에는 푸른 억새가 초원을 방불케 할 만큼 넓게 펼쳐져 장관이다. 가을에는 황금빛으로 물든 억새가 계절의 전령사 노릇을 톡톡히 해낸다. 지금의 모습을 봐서는 믿기지 않겠지만, 과거 하늘공원은 우주 전쟁으로 폐허가 된 지구가 연상될 만큼 쓰레기가 넘쳐났었다. 쓰레기 더미의 가장 높은 곳이 95m나 되었다고 한다. 그러던 곳이 2000년에 접어들어 자연과 인간이 어우러져 살 수 있는 공간으로 탈바꿈했다.

하늘공원 언덕 아래에 있는 메타세쿼이아길은 운치 있는 산책로로 알려졌다. 난지천공원 주차장에서 15분 정도 걸어가면 하늘로 쭉쭉 뻗은 키 큰 메타세쿼이아 나무들이 기다린다. 흙길이지만 단단하게 다져 놓아 유모차를 끌거나 자전거를 타기에도 전혀 무리가 없다.

하늘공원과 나란히 있는 노을공원은 해 질 녘에 찾으면 좋다. 난지천공원이나 평화의공원 주차장을 이용한다면 맹꽁이 전기차를 타고 이동하는 게 편리하다. 어린아이를 동반할 경우, 더욱 그렇다. 이용요금은 1천 원이다. 노을공원은 캠퍼들에게 인기가 좋다. 난지캠핑장보다 시설이 깨끗하고, 텐트 사이트 간격이 넓어 쾌적한 게 장점이다. 평화의공원은 난지연못을 끼고 있어 수변 산책을 할 수 있다. 천천히 걸어도 20분이면 한 바퀴 돌 수 있다. 연못에는 잉어가 무리를 지어 다닌다.

하늘공원에서 맞는 일몰 ↑

하늘공원 메타세쿼이아길 ↓

하늘을 담는 그릇을 배경으로 한 컷

하늘공원의 랜드마크, 하늘을 담는 그릇

하늘공원은 입구에서 정상까지 약 1.5km를 걸어가야
한다. 좀 더 빨리 하늘에 닿고 싶다면 하늘계단을 이용
하면 된다. 평화의 공원이 있는 동쪽에는 290여 개, 노
을공원이 있는 서쪽에는 470여 개의 계단이 있다. 계단
중간에 쉴 수 있는 공간이 마련되어 있으니 다리가 뭉
직할 때마다 서울의 풍경을 감상하며 쉬엄쉬엄 올라가
보자. 계단을 지나 공원에 도착하면 광활한 억새밭이
장관을 이룬다. 하늘과 맞닿을 것처럼 높은 곳이다 보
니 조망이 탁월하다. 북쪽으로는 북한산, 동쪽으로는
남산과 63빌딩, 남쪽으로는 성산대교와 한강, 서쪽으
로는 가양대교와 행주산성이 보인다. 하늘공원 가장

하늘공원에서 바라본 N서울타워

높은 곳에는 '하늘을 담는 그릇'이 있다. 일몰 때가 되면 그릇 속은 발 디딜 틈이 없을 만
큼 사람들로 가득하다.

그릇 구조물에는 수많은 열쇠고리가 매달렸다. 어떤 이는 사랑을, 또 다른 이는 가족의

하늘공원으로 가는 맹꽁이 전기차

건강을 기원하며 열쇠를 매달아 놓았다. 내부에 들어서면 원심형 계단을 따라 올라갈 수 있는데, 달팽이관처럼 뱅글뱅글 돌아간다. 그릇 위에서 보는 풍경이 압권이다. 산자수려한 풍경은 아니지만, 억새와 한강 그리고 도시의 빌딩숲이 어우러져 만들어내는 풍경도 그에 못지않게 아름답다. 사람들은 카메라와 스마트폰으로 풍경을 담기에 여념이 없다. 고요한 가운데 '찰칵찰칵' 카메라 셔터 소리만 들린다.

서울 이곳저곳 누비기

하늘공원 근처에 첨단 디지털 미디어를 관람할 수 있는 곳이 여럿 있다. DMC홍보관은 디지털미디어시티 사업을 홍보하기 위해 만든 곳이다. 3D입체영상관에서 무료 관람과 각종 시설물을 체험할 수 있다. 누리꿈스퀘어 내에 있는 디지털파빌리온은 국내 IT 산업 홍보를 위해서 꾸며진 공간이다. 현재를 미래로 바꾸는 ICT(Information & Communication Technology) 기술의 발전상을 볼 수 있어서 흥미롭다. 미래 도시를 엿보는 창조관, 놀이와 체험을 통해서 ICT 기술을 만나는 탐구관, 미래 ICT 기술을 미리 체험하는 상상관으로 구성되어 있다.

한국영화박물관에서는 한국 영화의 역사를 한눈에 볼 수 있다. 40~50년대 초창기부터 현재에 이르기까지 유명한 감독, 배우를 찾아보고 한국 영화사의 변천 과정을 알아보는

하늘공원에서 바라본 서울의 야경

디지털파빌리온

한국영화박물관

난지미술창작스튜디오

재미가 쏠쏠하다. 최신 영화에서 작품성 있는 영화까지 무료 상영한다. 주말에는 '영화야, 놀자!'라는 체험 프로그램에서 광학 장난감 만들기, 초기 무성 영화 감상하기 등을 진행한다. 한국 고전 영화 VOD를 빌려 감상하거나 기획전 기간에 평상시 쉽게 만나기 힘든 영화를 관람할 수 있어 영화 애호가들이 많이 찾는다.

난지미술창작스튜디오는 발전 가능성이 있는 신진 작가에게 창작 공간을 제공할 목적으로 설립되었다. 특히 침출수 처리장 건물을 리모델링하여 17곳의 스튜디오를 만들었다는 점이 독특하다. 지름 12m, 높이 2m, 원형의 침전조 2개를 실내 전시실로 꾸며 놓았다. 잔디로 조성된 야외 공간에서는 서울시립미술관의 소장품을 감상할 수 있다.

info.

대중교통 서울 지하철 6호선 월드컵경기장역 하차, 1번 출구로 나와서 도보로 이동 (5분 소요)

내비게이션 하늘공원(서울특별시 마포구 하늘공원로 95 탐방객안내소, 02-300-5501),
DMC홍보관(서울특별시 마포구 월드컵북로 366, 02-309-7067), 디지털파빌리온(서울특별시 마포구
월드컵북로 396 누리꿈스퀘어, 02-2132-0500), 한국영화박물관(서울특별시 마포구 월드컵북로 400
문화콘텐츠센터 1층, 02-3153-2088), 난지미술창작스튜디오(서울특별시 마포구 하늘공원로 108-1,
02-308-1071)

**어디서
묵을까** 시내 중심에 있는 더해밀게스트하우스(010-4226-7380)는 가정집 같은 편안한 분위기에서 하룻밤
묵을 수 있다. 옥상에서 서울 시내를 내려다보며 휴식하거나 공용 부엌에서 간단히 음식을 해 먹어도 좋다.
스위트홈게스트하우스(070-4240-1699)는 클럽, 바, 레스토랑, 카페가 많은 홍대 지역에 있어 젊은 문화를
마음껏 느낄 수 있다. 가정식 조식을 먹을 수 있다.

**무엇을
먹을까** 마포갈비는 예전 마포나루터에서 일하던 사람들이 돼지 등뼈에 붙어 있는
고기를 긁어내 소금에 구워 먹던 등갈비에서 유래되었다. 공덕역 8번 출구로
나오면 마포갈비골목이 있다. 저녁 시간, 지글지글 고기 굽는 냄새가 발길을
붙잡는다. 그중 마포최대포집(02-719-9292)은 50년이 넘는 내공을
자랑한다. 돼지껍데기를 전국에서 가장 먼저 시작한 곳이다.

마포갈비

문의: 마포관광정보센터(02-334-7878)

올림픽공원

1988년 올림픽을 기념하여 건립한 공원이다. 평화를 기원하는
한민족의 얼이 담긴 세계 평화의 문과 140여 곡의 멜로디에 따라
1만4천 가지의 형태를 연출하는 음악 분수가 유명하다. 외국
유명 작가의 조각 작품들과 몽촌토성산책로, 출사지로 유명한
나홀로나무, 계절별로 다양한 들꽃을 감상할 수 있는 들꽃마루와
장미광장 등 다녀봐야 할 곳이 많다.
문의: 올림픽공원(02-410-1114)

그밖의 대표적인
서울 시민공원
여행지

서울숲

뚝섬을 시민공원으로 가꾸었다. 면적이 115만6천498㎡(약 35만
평)로 영국의 하이드파크와 뉴욕 센트럴파크에 필적할 만큼 큰
규모를 자랑한다. 문화예술공원, 자연생태숲, 자연체험학습원,
습지생태원, 한강수변공원 등 5개 테마 공원으로 조성되어
있다. 공원이 넓어서 자전거를 타고 다니는 것도 좋다. 자전거는
대여소에서 유료로 빌릴 수 있다.
문의: 서울숲공원(02-460-2905)

시민의숲

서초구 양재동에 있는
공원이다. 숲이 아름다워
시민들이 만남의 장소로
애용한다. 도심 속에서도
4.8km의 울창한 숲 속
산책로를 걸으며 삼림욕을
즐길 수 있다. 계절마다 색다른
모습을 보여줘 언제 가든
즐거운 곳이다. 걷기 대회,
공연, 영화 상영 등 다채로운
문화 행사가 열리며, 농구장,
배구장, 테니스클럽 등이 있어
다양한 스포츠를 즐길 수 있다.
문의: 시민의숲(02-575-3895)

공원이 된 미군 부대 누비기
부산 시민공원

이방인의 땅, 시민의 품으로

부산 범전동은 한때 우리나라 사람이 자유롭게 들어갈 수 없는 땅이었다. 일제 강점기에는 승마장과 군속훈련장으로 사용됐으며, 광복 이후에는 주한 미군 부산기지 사령부인 캠프 하야리아가 자리했다. 100년이 지난 2014년, 비로소 이 땅은 '기억, 문화, 참여, 자연, 즐거움'이라는 5가지 주제를 담은 공원으로 부활했다. 공원이 워낙 넓어서 대충 훑어만 보는 데도 최소 2시간 이상이 걸린다. 시간이 한정되어 있다면 방문자센터에서 공원안내지도를 받아서 돌아보는 게 효과적이다. 방문자센터는 남1문과 남2문 사이 거울연못에 위치한다.

부전천에서 동쪽으로 공원역사관이 있다. 1949년 무렵 지어진 철근 콘크리트 건물로 캠프 하야리아 설치 이후 장교클럽으로 사용했다. 오페라 〈나비부인〉에 등장하는 장교클럽을 상상하면 된다. 그야말로 장교들만을 위한 특별한 공간이었다.

제1전시실에서는 대한제국 말기와 일제 강점기 경마장, 군속훈련소의 모습을 살펴볼

수 있다. 제2~3전시실에서는 광복 후 미군 부대 주둔 시절의 모습과 캠프 하야리아 부대 남쪽에 있던 '범전동 본동'에 대한 기록이 전시 중이다. 범전동 본동은 원래 농사가 주업이었으나 미군 부대가 들어서면서 상권이 형성되었고, 미군을 상대하는 노점상, 술집, 양복점 등이 들어서면서 1980년대 후반까지 호황을 누렸다. 지금은 공원 부지에 편입되어 마을의 흔적을 찾기는 어렵다.

100년의 흔적, 재창조의 기쁨으로

역사관을 나서면 미군 부대 주둔 당시 사용하던 목재 전신주 46개가 '기억의 기둥'이란 작품으로 변한 모습을 볼 수 있다. 비바람이 만들어낸 짙은 갈색과 나무 질감이 인상적이다. 바닥으로 눈길을 돌리면 역사의 길이 롤필름처럼 이어진다. 연도순으로 역사적 사건들을 밟으며 걷다 보면 나의 발걸음이 역사와 함께하는 느낌이다.

문화예술촌은 캠프 하야리아 하사관 숙소를 리모델링한 곳이다. 감천문화마을 총미술

부산의 특징을 살린 도심백사장

감독이었던 진영섭 작가의 금속 공방과 채경혜의 판화 공방에서는 주말 체험프로그램을 운영한다. 일반 병사 막사는 안전지킴센터로 변했다. 119구급대원들에게 안전교육을 받을 수 있다. 뽀로로 캐릭터가 있는 도서관은 아이들에게 인기다. 뽀로로 동영상이 상영되면 아이들은 자리를 떠날 줄 모

누구나 이용할 수 있는 도서관

른다. 높이 1.5m의 애기동백 2천400여 그루가 미로처럼 빽빽하게 심어져 있는 미로정원도 재밌다. 이른 봄에는 동백꽃의 애잔함도 느낄 수 있다.

하야리아 잔디광장 동쪽은 자연과 참여의 장으로, 자연체험놀이터와 감성발달그루터기 등이 있다. 부산의 상징인 바다와 백사장을 연상시키는 도심백사장은 누구도 흉내내기 어려운 특별한 공간이다. 숲길을 산책하고 싶다면 자연의 숲길을 찾아보자. 631그루의 소나무와 숲속 북카페, 시민사랑채, 기억의 숲에 이르는 가장 긴 숲길이다. 시민참여로 조성된 참여의 숲길에는 후박나무, 산사나무, 메타세쿼이아 등이 식재되었다. 남4문 앞에 모여 있는 90여 그루의 플라타너스는 하늘을 덮을 만큼 잎이 무성하다.

장기려박사기념관

이중섭거리

마사코전망대에서 본 범일동 풍경

부산 이곳저곳 누비기

부산 이바구길은 일제 강점기의 아픔과 한국 전쟁 피란민들의 애환을 느낄 수 있는 곳이다. 이바구길에 얽힌 얘기를 들려주는 '이바구 할머니 해설'을 신청하면 더욱 알찬 여행이 된다. 부산역에서 출발해 옛 백제병원과 남선 창고터를 지나면서 더욱 흥미진진해지고, 168계단을 오르면 이바구길의 참모습이 드러난다. 힘겨운 삶을 살아야 했던 피란민들의 터전인 달동네로 가는 길 중간에 〈기다리는 마음〉의 작사가, 김민부의 이름을 딴 전망대가 있다. 부산항의 모습이 한눈에 보이는 전망대에는 잠시 쉬어갈 수 있도록 휴식 공간이 마련되어 있다.

게스트하우스 이바구충전소를 지나면 한국의 슈바이처라 불리는 장기려 박사 기념관이 나타난다. 장기려 박사는 당대 최고 외과 의사이자, 간암 수술의 권위자로서 평생 어려운 이웃을 위해 헌신했다. 우리나라 의료보험의 효시라고 할 수 있는 부산청십자의료보험조합을 설립하고 행려병자를 위해서 무료 의술을 베풀었다. 기념관 옆에는 그의 숭고한 정신을 기리는 '더나눔센터'가 만들어져 북카페, 일자리나눔방, 건강나눔방 등으로 운영되고 있다.

이중섭거리는 이중섭 화가의 부산 범일동 피란 시절 이야기를 문화 거리로 만든 곳이다. 이중섭 갤러리에서 그 시절에 얽힌 에피소드를 들을 수 있다. 희망길 100계단을 오르면 범일동 풍경을 한눈에 볼 수 있는, 이중섭 부인의 이름을 딴 마사코 전망대가 있다.

---

info.

대중교통 서울고속버스터미널–부산서부시외버스터미널(4시간 30분 소요), 서부시외버스터미널 정류장에서 33번 버스 승차 후 부산시민공원 정류장 하차(45분 소요) / 문의: 서울고속버스터미널(1688-4700), 부산서부시외버스터미널(1577-8301)

내비게이션 부산시민공원(부산광역시 부산진구 시민공원로 73, 051-850-6000), 김민부전망대(부산광역시 동구 초량동), 장기려기념더나눔센터(부산광역시 동구 영초윗길 48 더나눔, 051-468-1248), 마사코전망대(부산광역시 동구 범일동)

어디서 묵을까 프라임관광호텔(051-465-4011)은 부산진역 근처에 있다. 조용하고 세련된 실내 분위기가 좋으며, 1층에는 카페가 있다. 일본 최대의 비즈니스호텔체인 토요코인 부산역 2호점(051-442-1045)는 일본과 같은 시설과 서비스로 손님을 맞는다. 부대시설에서 거품을 빼고 가격을 낮췄으며 인터넷, 로비 컴퓨터 이용, 조식과 석식이 모두 무료로 제공된다.

무엇을 먹을까 일성식당(051-553-4546)은 대구뽈찜이 맛있는 곳이다. 대구매운탕과 맑은 국물의 뽈때기탕 백반, 대구탕 백반이 메뉴로 나온다. 저렴한 가격에 푸짐한 음식으로 인해 시민들이 많이 찾는다. 삼미통국수(051-246-3255)는 이국적인 분위기에서 소고기덮밥과 일본식 우동을 맛볼 수 있는 곳이다.

대구뽈찜

문의: 부산광역시청 관광마이스과(051-888-5215), 관광안내소(1330)

인천 송도센트럴공원

인천 송도는 최첨단 국제도시의 미래다. 중앙에 자리한
센트럴파크시티공원을 따라 해수가 흐르고 수상택시가 오간다.
정장 차림을 한 파란 눈의 외국인이 자전거를 타고 유모차를 끌고
나온 주부들은 유유자적 산책을 즐긴다. 커플티를 맞춰 입고 나온
연인들이 센트럴파크에서 카누를 타는 영화 같은 장면이 고층
빌딩숲과 억새가 흔들리는 수변공원을 배경으로 펼쳐진다.
문의: 송도센트럴공원(032-721-4406)

(그밖의 대표적인
전국 시민공원
여행지)

인천 자유공원

1888년 국내 최초로 조성된 서양식 공원이다. '각국조계' 내에 자리
잡았기 때문에 '각국공원', '만국공원'으로 불리기도 했다. 1957년
인천상륙작전을 진두지휘했던 맥아더 장군 동상을 건립하면서
'자유공원'으로 개칭되었다. 봄이 되면 벚꽃이 만발하여 터널을
이루고 계절마다 다채로운 꽃들의 향연이 펼쳐진다.
문의: 자유공원(032-761-4774)

군산 월명공원

군산은 개항장으로 일본인이
많이 살던 곳이어서 예전부터
벚나무가 많았다. 군산항이
한눈에 보이는 해망동 달동네
꼭대기에 월명공원이 있다.
공원 안에는 해병대충혼탑과
개항기념탑, 채만식기념비,
삼일운동기념비 등 군산의
역사를 알 수 있는 기념비가
많다. 초봄부터 꽃망울을
터트리는 동백꽃과 화사한
벚꽃길, 멋진 바다 경치가
어우러지는 곳이다.
문의: 월명공원(063-454-3337)

무주 덕유산 눈꽃 트레킹
VS
화천 산천어 낚시

겨울에만 할 수 있는 눈꽃 트레킹과 얼음 낚시 때문에
겨울을 기다리는 사람들이 있다. 무주 덕유산에서라면
힘들게 등산하지 않아도 눈꽃 트레킹을 즐길 수 있다.
해발 1,641m 정상에 오르는 일이 단 20분이면 충분하다.
짜릿한 손맛의 겨울 낚시를 하고 싶다면 화천으로 가자.
유치원 꼬마도 산천어를 낚아 올리는 신통방통한 곳이다.

눈꽃 트레킹↑

산천어 맨손잡기↓

곤돌라 타고 눈꽃나라로 여행
무주 덕유산 눈꽃 트레킹

눈꽃터널 지나면 겨울왕국이 나올까

덕유산국립공원은 남한에서 네 번째로 높은 산이다. 그 명성에 걸맞게 전라북도 무주와 경상남도 거창을 어미처럼 품는다. 남덕유산과 북덕유산으로 나뉘는데, 최고봉인 향적봉(1,614m)은 북덕유산에 속한다. 설천봉은 향적봉과 연인처럼 어깨를 맞대고 있다. 우리나라의 대표적인 산악형 리조트인 덕유산 무주리조트가 자리하고 있어 겨울 스포츠의 성지로 군림한다.

덕유산 향적봉은 높이만 봐도 아찔하다. 도전보다 포기가 쉬운 산이다. 하지만 관광 곤돌라가 있으니 걱정은 눈 속에 파묻어 두자. 곤돌라는 하행 마감 시간을 잘 계산해야 한다. 욕심이 앞서 동선과 일정을 무리하게 짤 경우 걸어서 하산하는 수가 있다. 손난로와 미끄럼 방지를 위한 아이젠 정도만 있으면 만사 OK.

눈꽃 트레킹 1번지답게 곤돌라 탑승장에는 언제나 긴 줄이 서 있다. 짜증이 날 법도 한데 미간에 주름 잡힌 사람이 없다. 활강하는 스키 고수와 넘어지기를 반복하는 꼬마 스

키어를 구경하는 재미가 쏠쏠해서다. 긴 기다림 끝에 드디어 탑승. 외줄에 매달린 채 알수 없는 힘에 이끌려 올라간다. 겨울왕국으로 떠나는 여행처럼 가슴이 설렌다.

곤돌라에서 내려서자 덕유산 설천봉의 풍광이 한눈에 들어온다. '순결함이 이런 거구나!' 감탄 연발이다. 아스라이 보이는 겹겹의 산맥이 탄성을 터트리게 한다. 활주로를 질주하듯 미끄러져 내려가는 스키어와 스노보더들의 묘기도 볼만하다.

20분 만에 덕유산 최고봉 향적봉에 오르다

겨울왕국에는 흰색과 파란색만 있는 것 같다. 파란 하늘을 배경으로 떠 있는 구름은 부드러운 아이스크림 같고, 앙상한 나뭇가지에서 파르르 떨고 있는 눈꽃은 다이아몬드보다 영롱하다. 인간의 솜씨로는 도저히 흉내 낼 수 없는 신의 작품이라면 수긍할 수 있을까. 바람이 귓전에 속삭이는 것 같다. "겨울왕국에 오신 것을 환영합니다!"

향적봉으로 가는 길은 '덕유산 환상눈꽃터널'로 불린다. 마음속에 티끌이 한 점이라도 있다면 모두 내려놓고 지나야 할 것 같다. 벌어진 입을 다물지 못하고 그대로 고드름이

된 사람이 한둘이 아니다. 바람이 몰아친다. 나뭇가지에 매달렸던 눈꽃이 마지막 잎새
처럼 바람을 이기지 못하고 흩어진다. 작은 꽃잎이 되어 하늘로 날아올라 밤하늘의 별
보다 더 곱게 빛난다.

아기자기한 눈꽃터널을 뒤로하자 향적봉이 모습을 드러낸다. 정상은 쉽게 내어줄 수 없
는 법일까. 살을 에는 듯한 강한 바람이 길을 막아선다. 수십 계단을 올라 드디어 향적
봉에 닿는다. 산맥들이 발아래에서 머리를 조아린다. 세상의 중심에 올라선 기분이다.
'웅웅웅' 바람 소리가 영화의 배경음악처럼 웅장하다. 역시 덕유산은 겨울 눈꽃트레킹의
성지임이 분명하다.

무주 이곳저곳 누비기

무주 머루와인동굴은 무주양수발전소 공사 때 작업을 위해 뚫은 터널이다. 이것을 무
주군이 머루와인 숙성·저장·시음·체험 공간으로 리모델링해서 관광객을 불러 모으고
있다. 사시사철 인기가 좋지만, 특히 여름에 절정이다. 바깥온도가 30℃를 넘어도 동굴
안은 오래 있으면 한기가 들 정도로 춥다. 무료로 머루와인을 시음하고, 입장권은 머루
주스와 교환하면 된다. 서늘한 기운에 온몸이 오싹해질 때쯤, 따뜻한 와인 족욕통에 발
을 담그면 원기가 충전된다. 무주 머루와인은 색이 진보라빛으로 곱고, 과일향이 난다.
또한 오크통에서 숙성해 향이 짙은 것이 특징이다. 무주가 청정 지역임을 보여주는 곳이

무주 머루와인동굴에 전시된 와인

반디랜드 야외 정원

반디랜드다. 반딧불이는 물론 희귀 곤충까지 만날 수 있어 아이들에게는 인기 만점. 그뿐만 아니라 누워서 우주를 보고 자연을 감상할 수 있는 돔 영상관과 입체 영화를 볼 수 있는 곳도 있다. 깜깜한 체험 공간에서는 몸통에 불빛을 밝히며 날아다니는 반딧불이를 실제로 볼 수 있다.

나제통문은 설천면과 무풍면을 가로막은 암벽을 뚫어 만든 터널이다. 높이가 어른 키 서너 배는 됨직하고, 넓이는 차량 두 대가 나란히 다녀도 될 만큼 넉넉하다. 나제통문을 구경하고, 옆에 있는 팔각정에 오르면 좀 더 시원하게 구천동계곡을 내려다볼 수 있다. 팔각정 오른편에 구한말 일본에 항거했던 의병장

암벽을 뚫어 만든 나제통문

강무경의 동상이 있다. 나제통문 옆에서 구천동계곡이 본격적으로 시작되는데, 덕유산국립공원의 중턱까지 무려 28km에 이른다.

info.

대중교통 서울남부터미널-구천동 정류장(3시간 소요), 구천동 정류장에서 농어촌버스 승차 후 외배방 정류장 하차(37분 소요) / 문의: 서울남부터미널(02-521-8550)

내비게이션 덕유산국립공원(전라북도 무주군 설천면 구천동1로 159 덕유산국립공원관리사무소, 063-322-3174), 무주 머루와인동굴(전라북도 무주군 적상면 산성로 359, 063-322-4720), 무주반디랜드(전라북도 무주군 설천면 무설로 1324, 063-324-1155), 나제통문(전라북도 무주군 설천면 소천리 383-2, 063-322-0665)

어디서 묵을까 덕유대야영장(063-322-3173)의 시설이 좋다. 구천동계곡이 야영장 바로 옆에 있어 물놀이를 할 수 있다. 자연관찰로가 조성되어 있으며 샤워장, 취사장, 화장실 등 편의시설이 좋은 편이다. 예약은 받지 않으며 선착순으로 현장 결제해야 한다. 야영 장비가 없는 여행객을 위해 풀옵션 캠핑존을 운영하고 있다. 요즘 인기인 카라반에서 하룻밤 묵을 수도 있다.

무엇을 먹을까 무주 별미는 어죽과 표고버섯국밥, 산채비빔밥 등이다. 어죽은 금강이 흐르는 무주에서 흔히 맛볼 수 있는 음식으로, 민물고기를 푹 고아낸 육수에 고추장을 풀어 쌀이나 국수를 넣고 끓여내는 보양식이다. 금강식당(063-322-0979)은 민물고기 특유의 흙내가 없다. 무주 반딧불장터에서 별미로 알아주는 장터국밥도 괜찮다. 시골 장터에서 맛볼 수 있는 소박한 맛이 일품이다. 소문난시골순대(063-322-3186)의 순댓국도 맛깔스럽다.

문의: 무주군청 문화관광과(063-320-2537), 무주관광안내(1899-8687)

어죽

평창 대관령양떼목장

대관령은 '한국의 알프스'로 불린다. 해발 천고지 백두대간
드넓은 초지 위에 흰 눈이 덮이면 유럽 알프스에 온 듯한 착각에
빠진다. 길게 이어지는 목장 산책로를 걸으며 설원을 마음껏 즐긴
후, 양들에게 건초를 주는 체험을 해보자. 순하디 순한 양들이
기다렸다는 듯 건초를 먹는 모습이 귀엽다.
문의: 대관령양떼목장(033-335-1966)

(그밖의 대표적인)
겨울 눈꽃 여행지

태백산도립공원

새해맞이 산행으로 유명한 태백산은 겨울 심설 산행지로
잘 알려졌다. 살아서 천 년, 죽어서 천 년을 산다는 주목
군락지와 정상에서 만나는 산세의 장엄한 풍경도 잊을 수 없다.
태백산눈꽃축제에서는 국내외 유명 눈조각가들이 대형 조각품을
쏟아낸다. 환상의 눈꽃터널, 눈미끄럼틀, 스노우래프팅,
개썰매타기 등 신나는 놀이를 즐기다보면 겨울 추위가 무색하다.
문의: 태백산도립공원(033-550-2741)

포천 산정호수

'산중에 묻혀 있는 우물
같은 호수'라고 해서
산정호수라 불린다. 이름
그대로 맑고 유리알 같은
호수와 주변 산세가 어우러져
많은 사람들이 찾는 국민
관광지이다. 얼어 있는
산정호수에 눈이 내리면
또 다른 신세계가 열린다.
호수가 얼음자전거, 얼음기차
등이 오가는 놀이동산으로
변신한다. 눈 내린 고즈넉한
산정호수 둘레길, 궁예길을
조용히 산책해도 좋다.
문의: 산정호수(031-532-6135)

CNN도 놀란 겨울 낚시왕국
화천 산천어 낚시

짜릿한 손맛의 쾌감

물고기계의 귀족, 산천어는 잘생겼다. 1급수에서만 노는 귀하신 몸이다. 그런 만큼 쉽게 잡을 수 없는 물고기로 알려졌다. 하지만 청정 지역 화천이라면 얘기가 달라진다. CNN 이 보도한 '세계 겨울 7대 불가사의', 문화체육관광부가 선정한 대한민국 대표 축제. 얼음나라화천산천어축제가 매년 1월에 화천읍 내 화천천에서 열린다. 화천은 이 축제를 계기로 IFEA(세계 축제&이벤트협회)가 선정한 축제 도시가 되었다.

낚시에 경험이 전혀 없는 어린이도 약간의 운과 요령만 터득한다면 짜릿한 손맛을 경험할 수 있다. 축제장을 찾은 관광객들을 위해 매일 싱싱한 산천어를 얼음 속에 넣어주기 때문이다. 얼음 밑을 들여다보면 강바닥에서 놀고 있는 산천어가 보일 정도다. 이곳에서는 물고기를 눈으로 직접 보며 낚는다. 때문에 여기저기서 "잡았다!"라는 즐거운 외침을 쉽게 들을 수 있다.

산천어 얼음낚시터는 현장 접수 얼음낚시터와 원하는 시간대를 정해 온라인으로 예약하고 입장하는 예약 접수 얼음낚시터, 두 곳으로 나뉜다. 관계자의 말에 따르면 산천어를 많이 잡길 원한다면 현장 낚시터보다는 예약 낚시터가 좀 더 낫다고 한다. 또한, 산천어의 특성상 시간에 따라 유영하는 패턴이 바뀔 수 있으니, 너무 한자리만 고집하지 않는 것도 산천어를 많이 잡는 요령이라 한다.

낚시만 한다면 실수하시는 겁니다

가짜 미끼(루어)를 이용한 낚시터도 함께 운영한다. 루어낚시를 원한다면 별도의 대회 참가비 없이 루어낚시 체험료만 내면 된다. 입상자에게는 경품과 함께 축제 마지막 날 진행되는 특별대회 참가 자격이 주어진다.

겨울 추위를 뜨거운 열정으로 이겨내고 싶다면 산천어 맨손잡기에 도전해보자. 맨손잡기에 참여하기 위해서는 얼음이 둥둥 떠 있는 차가운 물에 반바지 차림으로 들어갈 용기가 있어야 한다. 그리고 힘 좋은 산천어를 맨손으로 제압할 수 있는 뚝심도 있어야 한다.

아이와 함께 할 수 있는 체험에는 낚시만 있는 게 아니다. 총 길이 약 100m의 스릴을 즐기는 눈썰매, 외줄에 매달려 축제장 공중을 나는 하늘 가르기, 넘어졌다 일어나기를 반복하지만 골망을 가르는 쾌감에 포기할 수 없는 얼음축구, 얼음 위를 달리는 얼음자전거 등 얼음 위에서 할 수 있는 체험거리가 무려 60여 가지에 이른다. 또 축제 기간, 시가지에는 중국 하얼빈 빙등제 전문가들이 직접 만든 국내 최대 실내 얼음조각광장과 겨울밤을 빛으로 수놓는 선등거리가 조성된다. 입장객에게 지급하는 농특산물교환권은 화천 지역에서 자란 농산물을 살 때 사용하면 된다. 체험 프로그램 이용 시 제공되는 화천사랑상품권은 화천 지역(마트, 소매점, 식당, 주유소, 편의점 등)에서 현금처럼 사용할 수 있다. 단, 축제 프로그램 체험에는 쓸 수 없다.

화천 이곳저곳 누비기

화천 '파로호 100리 산소길'은 북한강변을 따라 조성된 42km 구간이다. 으뜸 구간은 강 위에 부교를 띄워 만든 수상길로, 위라리와 대이리 사이의 험준한 산길을 돌아간다. 상자형 부유 구조물인 폰툰을 써서 무중력 상태를 걷는 기분이다.

소설가 이외수 씨가 입주한 감성테마문학공원은 흔히 '감성마을'이라 불린다. 주차장에서 문학관까지 올라가는 길에 시석림(詩石林)을 꾸며 놓았다. 한 문장씩 읽다 보면 걷는

짜릿한 순간을 만끽할 수 있는 하늘 가르기

가족, 연인들끼리 즐기기 좋은 얼음이자전거

국내 최대 실내 얼음조각광장

이외수문학관 실내에 마련된 책   시가 적힌 전시물

것인지, 서 있는 것인지 알 수 없을 만큼 작가의 작품에 빠져든다. 공원에는 문학관과 작가의 집필실, 모월당, 모월교, 야외 공연장, 오감 체험장 등이 있다. 특히 눈길이 가는 곳은 문학전시관으로, 작가의 작품 세계를 만나 볼 수 있고, 친필 원고지와 타자기 등 손때 묻은 일상 소품들이 전시되어 남다른 감흥으로 다가온다.

화천의 진산 용화산은 해발 875m의 중봉으로, 대한민국 100대 명산에 들 만큼 자태가 빼어나다. 용화초등학교를 지나 산들머리까지 차량 진입이 가능하다. 40여 분 정도면 정상에 도착할 수 있다. 짧은 구간이지만 산행은 만만찮다. 암벽을 따라 로프를 잡고 기어오르기도 하고, 가파른 길을 오르내리기도 한다. 탁 트인 조망 지점이 곳곳에 있고, 바위마다 기묘한 모양의 소나무가 자라 멋스럽다.

info.

대중교통
동서울종합터미널-화천공영버스터미널(2시간 40분 소요), 버스에서 하차해 도보로 이동 / 문의: 동서울종합터미널(1688-5979), 화천공영버스터미널(033-442-2902)

내비게이션
얼음나라화천산천어축제(강원도 화천군 화천읍 산천어길 137, 1688-3005), 파로호미륵바위(강원도 화천군 화천읍 대이리 344-13, 033-441-0514), 감성마을(이외수문학관: 강원도 화천군 상서면 감성마을길 157, 033-441-3106), 용화산(강원도 화천군 하남면 용암리 용화산, 033-440-2422)

어디서 묵을까
화천열차펜션(033-441-8877)은 실제로 운행하던 새마을호 기차를 펜션으로 만든 곳이다. 마음이머무는곳펜션(033-441-6066)은 천연 황토와 통나무로 지어 건강한 하룻밤을 보낼 수 있다. 화천공영버스터미널 뒤편에 모텔이 밀집해 있으며, 좀 더 편안한 호텔급 숙소는 춘천 시내로 나가야 한다. 춘천관광호텔(033-257-1900)은 쾌적한 시설에 합리적인 가격으로 가족 여행객들이 많이 찾는다.

산천어회

무엇을 먹을까
파로호 선착장 주변에서는 산천어를 회, 구이, 매운탕 등으로 다양하게 즐길 수 있다. 산천어회는 육질이 송어회보다 단단한 편이다. 명가(033-442-2957)는 많은 유명 인사들이 다녀 간 맛집이다. 소설가 이외수 씨가 맛있다고 추천한 옛골식당(033-441-5565)의 외도리탕도 별미다. 닭고기뿐 아니라 모래주머니와 내장을 넣어 옛날식 닭볶음탕 맛이 난다.

산천어구이

문의: 화천군관광안내소(033-440-2575)

그밖의 대표적인 얼음낚시 여행지

춘천 얼음낚시

춘천 북부 지역은 산이 높고 골이 깊다. 날씨도 유난히 추워서 북한강에는 설국열차가 달려도 될 만큼 얼음이 꽁꽁 언다. 얼음 호수는 순백의 거울처럼 깨끗하고 그 속에서 노니는 빙어는 '호수의 요정'이다. 제주산 은갈치도 부러워할 은빛 투명한 미끈한 몸매를 가졌다. 빙어 낚시를 즐기기에 좋은 곳은 북한강과 지류가 만나는 지점인데, 의암호와 춘천호 사이에는 이런 합류 지점이 꽤 있다. 대부분 유료 낚시터인데, 입장할 때 별도의 요금을 받지 않는다.
문의: 춘천시청 관광과(033-250-3269)

가평 자라섬

서울 용산과 청량리에서 ITX-청춘열차를 타고 40분이면 도착하는 가평에서 자라섬씽씽겨울축제가 열린다. 꽁꽁 얼어붙은 가평천에서 겨울 놀이의 모든 것을 즐길 수 있다. 한 번에 5만 명을 수용하는 큰 규모로, 송어 얼음낚시터에서 손맛을 본 후, 잡은 물고기를 회나 구이로 먹을 수 있다. 그 밖에도 눈썰매, 전통 썰매, 비료 포대 봅슬레이 등 겨울 놀이터의 재미는 끝이 없다.
문의: 가평군청 문화체육관광과(031-580-4321)

평창 송어축제

평창은 국내 최대의 송어 양식지이다. 매년 2월이 되면 평창송어축제가 열려 지역 특산물 홍보와 함께 관광객들을 맞는다. 선조들의 생활상을 재현한 체험 프로그램과 함께 송어 낚시와 썰매 체험 등 겨울 축제의 즐거움을 한껏 누릴 수 있다. 대관령양떼목장과 선자령 눈꽃 트레킹 등 연계 관광지도 많다.
문의: 평창송어축제위원회(033-336-4000)

아산 온천지구
VS
포천 참숯가마

찌뿌듯한 어깨, 쑤시는 팔다리…. 겨울은 쌀쌀한 날씨 탓에 몸과 마음이
추워지는 계절이다. 뜨끈한 온천에 몸을 맡기면 뭉친 근육이 눈 녹듯
사르르 풀리고, 마음도 한결 가뿐해질 것 같다. 빨갛게 타오르는
참숯가마도 온천욕 못지않게 찾는 이가 많다. 참숯에 구워 먹는
삼겹살과 고구마는 이곳에서만 즐길 수 있는 서비스.
추운 겨울 온천이냐, 참숯가마냐? 행복한 고민을 하게 된다.

온천↑

참숯가마↓

왕이 찾던 온천 여행지
아산 온천지구

수질(水質)은 기본, 역사와 시설을 모두 잡았다

600년 전 추운 겨울에 온천을 즐길 수 있던 사람이 몇이나 될까? 운 좋게 집 근처에 온천이 있다면 모를까, 먼 곳까지 가서 온천욕을 한다는 것은 상상할 수 없던 시절이다. 그런데 임금님이라면 이야기가 달라진다. 세종대왕은 충청남도 아산에 행궁을 짓고 온천을 즐겼다. 영조와 정조 또한 온천의 효과를 톡톡히 봤는지 자주 찾았다고 한다.

아산에는 온양온천, 아산온천, 도고온천 세 온천지구가 있다. 온양온천은 우리나라에서 가장 오래된 온천으로 백제 때 온정, 고려 때는 온수로 불리다 조선 시대에 이르러 온양이라 불렸다. 행궁이 있던 온양관광호텔 정원에는 신정비와 영괴대가 그대로 남아 있다. 1960년에 문을 연 신천탕이 온양온천지구에서 가장 오래된 온천이다. 온양에서 신천탕을 최고로 꼽는 이유는 44~60℃의 알칼리성 온천수 원탕을 사용한다는 것. 온양온천역 맞은편에 온양온천시장이 4, 9일에 열리니 시골 시장 구경도 겸해 들르면 좋다.

아산온천지구에서는 아산스파비스가 유명하다. 남녀 대욕탕에는 23개의 각종 기능탕이 있으며 노천탕도 준비되어 있다. 이외에도 실내 바데풀과 실외 온천풀을 갖추고 있어 가족이나 연인들이 오붓하게 온천욕을 즐길 수 있다.

화강암 기반인 도고온천지구는 굴착이 어려웠다고 한다. 그런 탓에 근대적인 온천이 들어선 것은 일제 강점기가 되어서다. 온양온천의 유명세에 밀려 입소문을 얻지 못하다가 2008년 파라다이스 스파 도고가 들어서면서 아산에서 가장 시설이 좋은 곳으로 급부상하고 있다.

성종이 세운 신정비 ↑

파라다이스 스파 도고의 실내존 ↓

독일식으로 지어진 바데풀　　　파라다이스 스파 도고의 야외 이벤트탕　　　목욕 전 온궁한의원에서 받는 체질검사

도고온천, 보양 온천의 특별한 체험

파라다이스 스파 도고는 충청도 제1호 보양 온천이다. 보양 온천이란 물 온도가 35℃ 이상이거나 의학적으로 효능이 우수한 광물질이 포함되어야 한다. 심신 회복 및 재활을 할 수 있는 수중운동시설도 필수로 갖춰야 한다. 이런 조건 외에도 도고온천은 '온궁한 의원'을 운영하고 있다는 점이 남다르다. 체질에 따라 온천을 즐길 수 있도록 도와준다 니 왕처럼 의관을 둔 듯 하다. 내원하면 먼저 사상체질을 알아보기 위한 간단한 설문조 사와 문진을 받는다. 체질 감별이 끝나면 체질별 목욕법을 알려준다.

수(水)치료 개념을 도입한 실내 바데풀은 독일의 바데하우스를 모델로 만들었다. 수압 을 이용해서 아픈 부위를 치료하는데, 물의 압력이 대단하다. 허리, 등, 어깨, 머리까지 특정 부위에 집중적으로 물세례를 받는 모습이 어린아이처럼 즐거워 보인다. 150m에 이르는 야외 유수풀도 좋다. 물이 따뜻해서 추위를 걱정할 필요가 없다. 유수풀 깊숙한 곳에 연인을 위한 쉼터가 있다. 물놀이에 지칠 때쯤 뜨끈한 이벤트 스파에 몸을 담가보 자. 천연 허브탕, 과일탕, 한방탕 등 체질에 따라 선택하면 된다. 모락모락 피어나는 김 처럼 몸속에 숨어 있던 피로 물질도 솔솔 날아갈 것 같다. 발가락 사이에서 꼬물거리며 발각질을 제거해주는 닥터피쉬는 아이들에게 인기다. 건강과 미용, 두 마리 토끼를 한 번에 잡고 싶다면 스킨케어 코너를 추천한다. 대욕장은 일본처럼 남탕과 여탕의 위치를 매일 바꾼다. 매주 금·토·일요일은 야간 조명을 밝혀 밤 11시까지 겨울 노천 스파를 즐 길 수 있다.

아산 이곳저곳 누비기

외암민속마을은 약 500년 전에 형성된 마을이다. 충청도 지역의 고택과 돌담, 정원 등이 잘 보존되어 있다. 특히 총연장 6km가량 되는 돌담길은 고향에 대한 아련한 향수를 자극한다. 마을을 병풍처럼 감싸고 있는 설화산이 바람을 막아줘 겨울에도 추위가 매섭지 않다. 실제 주민들이 사는 마을에서는 아침저녁으로 밥 짓는 냄새가 돌담을 타고 넘는다. 고샅길을 따라 마을을 한 바퀴 돌아보려면 1시간 정도 걸린다.

고택과 토담이 정겨운 외암민속마을

예쁜 카페가 많은 지중해마을

겨울에도 볼거리가 가득한 세계꽃식물원

지중해마을은 산토리니, 프로방스, 파르테논 세 가지 양식으로 꾸며진 이색 마을이다. 이국적인 풍경을 사진에 담으려는 사람들과 골목을 오가며 산책을 즐기는 연인들이 많다. 입맛에 따라 세계 각국의 요리를 즐길 수 있는 것도 이곳의 매력. 야간 조명이 켜지면 낮과는 다른 매력을 발산한다.

세계꽃식물원은 단일 실내 식물원으로는 국내 최대 규모를 자랑한다. 2004년 개원 이후, 매년 30만 명이 다녀갔을 정도로 아산을 대표하는 겨울 여행지다. 꽃구경뿐만 아니라 새 모이 주기 체험도 할 수 있어 아이들이 좋아한다. 영하로 내려간 추운 날씨에도 식물원 내에서는 가벼운 옷차림으로 다닐 수 있어 몸도 마음도 홀가분하다. 카페와 허브 숍에서는 천연 방향제, 허브가 들어간 수제 쿠키 등을 구경하고 살 수 있다.

---

info.

대중교통
서울 지하철 1호선 서울역-온양온천역, KTX 서울역-천안아산역, 용산역-온양온천역, 서울고속버스터미널-동양고속버스터미널(1시간 30분 소요), 파라다이스 스파 도고 셔틀버스로 이동(www.paradisespa.co.kr)

내비게이션
온양관광호텔(충청남도 아산시 온천대로 1459, 041-545-2141), 파라다이스 스파 도고(충청남도 아산시 도고면 도고온천로 176, 041-537-7100), 외암민속마을(충청남도 아산시 송악면 외암민속길 5, 041-544-8290), 지중해마을(충청남도 아산시 탕정면 탕정면로8번길 55-7, 041-547-2246), 세계꽃식물원(충청남도 아산시 도고면 봉농리 576, 041-544-0746)

**어디서
묵을까**
외암민속마을에 있는 풍덕고택(041-541-0023)은 명문가의 기품이 느껴지는 곳으로 시설이 우수하다. 파라다이스 스파 도고 카라반(041-537-7177)은 캠핑의 묘미를 즐길 수 있다. 투숙객에게는 스파와 온천 대욕장이 무료다. 온양관광호텔(041-545-2141)은 온궁이 있던 자리에 있다.

**무엇을
먹을까**
염치한우촌에는 충남에서 생산되는 고급 한우를 입맛에 따라 선택할 수 있는 식육식당이 많다. 한우드소(041-547-8484)는 무항생제 한우를 내놓는다. 몸 보양을 위해서라면 장어도 좋다. 예부터 아산 곡교천 일대는 장어가 많이 잡혀 주변에 장어구이집들이 모여 있다. 지중해마을은 이탈리아 요리에서 중국 요리까지 다양한 식당이 있어 선택의 폭이 넓다.

염치한우촌

문의: 아산시청 문화관광과(041-540-2631), 관광안내소(1644-2468)

충주 수안보온천

조선 태조 이성계가 악성 피부염을 치료하기 위해 자주 찾은 곳으로 '왕의 온천'이라 불린다. 전국에서 유일하게 지자체가 온천수를 관리해 각 업소로 공급하기 때문에 수질은 믿을 수 있다. 이승만 전 대통령을 비롯한 역대 대통령들이 다녀갔다. 수안보파크호텔이 잘 알려져 있다.

문의: 수안보파크호텔
(043-846-2331~6)

이천 테르메덴

임금님쌀로 유명한 경기도 이천은 예부터 논에서 온수가 솟는다고 해서 '온천배미'로 불렸다. 100여 년 전 눈병을 앓던 농부가 세수를 하고 병이 나은 후, 이곳 물이 안질과 피부병에 좋다고 알려졌고, 일제 강점기부터 온천 명소로 개발되었다. 테르메덴은 100% 천연 온천수를 온천탕은 물론 실내외 물놀이장에 공급한다. 우리나라 최초로 독일식 온천 콘셉트로 설계되었다.

문의: 이천 테르메덴(031-645-2000)

속초 척산온천

(그밖의 대표적인
온천 여행지)

속초에 있는 온천은 50℃의 뜨거운 물로 피부와 신경통에 효험이 있는 것으로 알려졌다. 설악산을 찾은 등산객, 일출을 보고 온 여행자, 스키와 보드를 즐기는 사람들까지 온천을 찾는 유형도 각양각색이다. 척산온천휴양촌은 온천욕과 수령 300년 이상 된 소나무 3천여 그루가 들어찬 푸른 숲을 제공한다.

문의: 척산온천휴양촌
(033-636-4000)

뜨끈한 숯가마가 그리울 때
포천 참숯가마

땀 빼는 데는 참숯가마가 최고야!

산비탈 아래, 벌목한 나무를 다듬는 작업이 한창이다. 야외 바비큐장에서는 지글지글 삼겹살이 익어간다. 식당과 매점, 민박까지 편의시설이 늘어서 있다. 민박을 이용하는 사람들 대다수는 장기 요양을 할 정도로 숯가마 효과를 톡톡히 보고 있다고 한다. 맞은 편에는 몽골에 있을 법한 게르 모양의 대형 텐트 네다섯 동이 설치되어 있다. 끝 지점에 매표소와 남녀 탈의실, 샤워장, 휴게소 등이 있다. 탈의실에서 찜질복으로 갈아입고 '숯 가마 가는 길'을 따라가면 어마어마한 숯가마들이 열을 토한다. 숯가마 안에 참나무를 빼곡하게 쌓아 놓고, 1,200℃가 넘는 고온으로 6일 정도 참숯을 구워낸다.

숯가마 앞에 작은 구멍을 내어 숯불을 꺼내 놓았다. 그 주변으로 사람들이 모여 불을 쬐고 있다. 빨갛게 성난 참숯이 용광로의 시뻘건 쇳물처럼 이글이글 타오르는데, 이때 발생하는 원적외선 양이 백내장 치료기보다 10배나 많다고 한다. 실제로 불타는 참숯을 보고 있으면 눈앞이 환해지면서 충혈된 눈이 씻은 듯 깨끗해지는 것을 체험할 수 있다.

숯을 모두 꺼낸 뒤 하루가 지나면 숯가마 온도가 150~200℃ 정도로 떨어진다. 이 열기가 식기 전에 가마 안에 들어가서 땀을 빼는 것이 참숯가마 찜질 방식이다. 가장 뜨거운 방은 '꽃방'이다. 초보자는 설불리 이용할 수 없는 엄청난 고온의 방이다. 나무 신발과 양말은 물론 몸을 보호할 거적을 두르지 않고서는 가마에 들어갈 수 없다. 하룻밤 더 지

참나무를 빼곡하게 쌓기 전 숯가마 내부 모습 ↑

숯불이 방출하는 원적외선을 쬐는 체험객 ↓

원적외선과 음이온을 쏟아내는 참숯

적재된 참나무

나면 꽃방 온도가 80℃쯤으로 떨어진다. 이게 '고온방'이다. 꽃방보다는 덜하지만, 여전히 숨이 턱턱 막힌다. 다시 하룻밤을 더 보내면 50℃ 정도의 '중온방'이 된다. 마지막인 30~40℃ 정도의 '저온방'은 따뜻한 수준이다.

참숯가마를 효과적으로 이용하려면 이것만은 꼭!

내촌참숯가마는 숯가마를 즐기는 마니아들에게 겨울철에 꼭 찾아야 하는 단골 여행지다. 그만큼 효과를 본 사람들이 많다는 말이다. 숯가마에 있다 보면 찜질 효과를 묻지 않아도 누군가가 자부심을 담아 친절하게 알려줄 테니 가만히 듣고만 있어도 준전문가 수준은 될 것이다.

내촌참숯가마는 검탄 대신 백탄을 사용한다. 검탄은 저온에서 구운 탄으로 가스를 빼지 않은 숯이다. 반면 백탄은 1,200℃ 이상의 고온에서 구운 탄으로 인체에 해로운 가스를 산화시킨 숯이다. 참숯가마에서 흘리는 땀은 냄새와 끈적임이 없다. 찜질 후 샤워를 하지 않아도 불쾌하지 않다. 숯을 태우면서 뜨겁게 달궈진 황토가 원적외선을 뿜어내고, 이것이 멸균 작용을 하기 때문이다.

게르 모양의 대형 텐트에서 잠시 쉬는 동안 고구마를 먹으며 수다를 떠는 것도 찜질의 재미다. 출출하다면 바비큐장에서 삼겹살을 구워 먹어도 좋다. 가마에서 구워낸 숯으로 익혀 육질이 더욱 부드럽다.

참숯가마를 제대로 즐기려면 면양말과 면담요를 준비하자. 면 소재가 아닌 수면양말은 고온에서 유독 가스를 배출할 수 있으니 절대 금물이다. 또한, 숯가마에 휴대전화를 가

지고 갈 경우 고장의 원인이 될 수 있다. 안
경도 코팅이 손상될 수 있으니 주의하자. 참
숯가마를 이용할 때는 저온방에서 몸을 충
분히 데운 후, 고온방으로 단계를 밟아가는
게 현명하다.

숯으로 구워낸 옥수수

포천 이곳저곳 누비기

이름 참 곱다. 산속에 묻혀 있는 우물처럼
맑은 산정호수. 이름만큼 주변 풍광 또한 수려하다. 1925년 농수용 저수지로 만들어졌
는데, 빼어난 주변 경관 덕에 1977년 국민 관광지로 지정됐다. 1월부터 2월 초까지 겨울
놀이 체험을 할 수 있는 '썰매축제'가 열려 호수기차, 얼음썰매, 빙상자전거, 스케이트,
얼음바이크, 얼음낚시 등을 즐길 수 있다. 특히 산정호수에만 있는 스릴 만점의 호수기
차는 줄을 서야 할 정도로 인기가 많다. 산정호수를 한 바퀴 도는 궁예길이 마련되어 있
어 유유자적 산책하기 그만이다.
포천아트밸리는 버려진 폐채석장을 리모델링해 예술복합공간으로 탈바꿈시킨 곳이다.
인공호수인 천주호의 청옥색 물빛이 눈부시게 아름답다. 천주호 둘레를 걷는 산책로와
하늘정원, 야외 공연장, 주·야간 천체 관측이 가능한 천문과학관까지 가족과 나들이는

스케이트장으로 변신한 산정호수

허브아일랜드의 인공호수 · 포천아트밸리의 청옥색 천주호

물론 연인들의 데이트 코스로 좋다. 겨울에는 야간 조명을 밝혀 더욱 신비로운 분위기를 자아낸다.

허브아일랜드는 동화책에서 툭 튀어나온 듯 앙증맞다. 아기자기한 허브꽃밭이 곳곳에 자리하고 있다. 단순히 허브 식물원 정도를 감상한다고 생각하면 오산이다. 13만 평의 넓은 땅에 허브를 테마로 한 거의 모든 것을 배치해, 맛보고 느끼고 즐길 수 있다. 향을 먹는 마을, 향을 파는 마을, 향을 즐기는 마을, 크게 3가지 테마를 중심으로 허브아일랜드를 감상하면 된다. 야간에는 화려한 조명이 켜져 사진 찍기 좋다.

info.

대중교통 서울 지하철 2호선 강변역 하차, A정류장에서 11번 버스, 지하철 1호선 의정부역 하차, 의정부역 정류장에서 33번 버스 승차 후, 소학1리 정류장 하차

내비게이션 내촌참숯가마(경기도 포천시 내촌면 금강로 2835-73, 031-533-6477), 산정호수(경기도 포천시 영북면 산정호수로411번길 89, 031-532-6135), 포천아트밸리(경기도 포천시 신북면 아트밸리로 234, 031-538-3483), 허브아일랜드(경기도 포천시 신북면 청신로947번길 35, 031-535-6494)

어디서 묵을까 어린 왕자를 테마로 만든 쁘띠프랑스(031-584-8200)에서 동화 같은 하룻밤을 보낼 수 있다. 시설 내에 있기 때문에 아침저녁으로 프랑스 마을을 돌아볼 수 있어 좋다. 노천 스파 펜션으로 유명한 티볼리빌(010-4727-0124)은 객실마다 독특함으로 시선을 사로잡는다. 겨울에 더 따뜻한 스파의 진수를 느낄 수 있다.

무엇을 먹을까 신북오리촌에는 10여 개의 오리 전문점들이 모여 있다. 그중에서 가장 먼저 깃발을 꽂은 식당이 박가네오리구이(031-532-9567)다. 오리 한 마리를 주문하면 몸통, 날개, 똥집이 8개의 꼬치에 꽂혀 회전구이식으로 나온다. 3~4명이 넉넉하게 먹을 양이다. 1960년대 초반 이동갈비집과 느타리갈비집이 문을 연 이후로 이동면에 약 20여 개의 갈빗집이 성업 중이다. 김근자할머니집(031-531-2157)이 유명하다.

문의: 포천시청 문화관광과(031-538-2067~9)

박가네 오리

포천 이동갈비

포천 구들찜가마

경기도 포천시 군내면 상성북리에 위치한 찜가마. 국내 최초
가족 단위의 테마형 웰빙 찜가마 펜션이다. 순수 황토에 강화제
2~3%만 가미하여 직접 제조한 흙벽돌로 건물을 지었다. 찜가마는
물론 펜션에 사용하는 땔감도 참나무만 사용한다. 바닥과 천장은
맥반석으로 마감해 원적외선이 방출된다고 한다. 온도가 높지 않아
초보자도 쉽게 이용할 수 있다. 바비큐장, 목욕탕, 펜션, 수영장을
갖추고 있다.

문의: 포천 구들찜가마(1661-5510)

그밖의 대표적인 찜질방 여행지

여주 참숯마을

경기도 여주에 위치한 곳으로 참숯을 이용한 숯가마가 10개에
이른다. 겨울에도 김이 모락모락 나는 실내 수영장을 함께 운영해
물놀이를 겸해 찾을 수 있다. 참숯가마에서 구워내는 3초 삼겹살이
유명하다. 오토캠핑장을 함께 운영하고 있어 사계절 찾는 사람이
많다.

문의: 여주 참숯마을(031-886-1119)

양평 서종 참숯가마찜질방

경기도 양평군 서종면에
있다. 주변이 조용한 숲이라
여유롭게 시간을 보내기 좋다.
가마에 참숯을 구워내는
전통적인 방식을 따른다.
샤워실을 별도로 운영하지
않아 당황스럽다. 하지만 찜질
후 난 땀은 가볍게 말려도
괜찮을 만큼 냄새나 끈적임이
없으니 염려하지 말 것.

문의: 서종 참숯가마찜질방
(031-774-6098)

봉화 O·V트레인
VS
부산 시티투어

여행이 변하고 있다. 요즘은 기차와 버스가 이동을 위한 수단이 아니라 그 자체가 목적인 시대다. 기차여행은 과거 기차로 통학했던 부모 세대에게는 추억을, 지옥철을 떠올리는 젊은이들에게는 아날로그 감성을 일깨운다. 시티투어버스는 도시를 보는 시각을 변하게 한다. 고가도로는 롤러코스터보다 재밌고, 승용차들은 리모컨으로 움직이는 장난감처럼 바삐 움직인다. 차표 한 장으로 도시 구석구석을 여행할 수 있으니 무엇을 더 바랄 것인가.

O·V트레인↑

시티투어↓

아날로그 기차여행을 떠나요
봉화 O·V트레인

기차의 변신은 무죄

중부내륙순환열차(O트레인)는 충청북도에서 강원도를 거쳐 경상북도를 순환하는 탐방열차다. 서울에서 출발해서 제천, 태백, 영주를 거쳐 태백으로 순환하여 다시 제천을 지나 서울로 돌아오는 식이다. 백두대간협곡열차(V트레인)는 열차가 아니면 갈 수 없는 오지마을 간이역을 찾아 협곡 구간을 왕복 운행한다. 국내 최초의 개방형 탐방열차이다. 두 구간을 모두 돌아볼 수 있는 것이 코레일 관광열차 중에서 가장 핫한 O·V트레인이다. 기차여행의 맛은 사시사철 다르다. 봄에는 싱그러운 초목의 태동을 볼 수 있고, 여름에는 짙은 녹음을 뚫고 달리는 재미에 푹 빠진다. 가을에는 형형색색 화려하게 치장한 백두대간의 모습을 즐기고, 겨울에는 설국으로 떠나는 환상 여행에 빠져든다.

12월부터 다음 해 2월까지는 크리스마스 분위기로 객차가 꾸며진다. 승무원들이 진행하는 이벤트에 참여하다 보면 어느새 열차가 태백에 도착한다. 태백산 눈꽃 트레킹의 경우는 버스를 타고 유일사 주차장까지 이동한다.

태백산은 1,567m의 높은 산이지만 산행을 시작하는 유일사 매표소의 고도가 해발 850m 선이기 때문에 정상까지 왕복 3시간 30분 정도면 다녀올 수 있다. 등산로는 볼거리가 많은 당골 코스와 경사가 완만한 유일사 코스로 나뉜다. 등산 때는 유일사 코스를, 하산 때는 당골 코스를 선택하면 힘들이지 않고, 태백산의 참모습을 제대로 만끽할 수 있다. 주의할 것은 열차 시간을 지켜야 하니 무리한 산행은 피하는 게 좋다.

O트레인 탑승객들이 사진을 찍을 때 쓸 수 있는 기관사 모자

한바탕 이벤트를 진행하고 있는 승무원

봉천역에 정차한 V트레인

우리나라 최초의 민자역사인 양원역

풍경을 감상하며 즐거워하는 여행객들

오지마을이 산타클로스마을로 변신

철암역은 백두대간 협곡 구간을 돌아보기 위한 출발역이다. 가까운 곳에 강물이 산을 뚫었다는 구문소가 있다. V트레인은 지붕에 태양열 시설을 갖추고 있어 자연 친화적이다. 천장에 매달린 선풍기도 태양열로 돌아간다. 날씨가 몹시 추운 날에는 화목난로를 피우고 군고구마를 구워낸다. 험산준령을 달려야 하므로 터널이 많다. 터널을 지날 때마다 천장에 붙은 스티커에서 빛을 발하고, 레이저가 객차 구석구석을 비추는 화려한 조명쇼를 선보인다.

경북 봉화군에 들어서면 열차가 협곡을 따라 춤추듯 달린다. 열차 속도는 시속 30km

안팎으로 경관을 즐기라는 뜻에서 천천히 달린다. 창도 일반 열차에 비해 커서 시야가 넓고 시원하다. 곧이어 우리나라 최초의 민자 역사이면서 가장 작은 역사인 양원역에 도착한다. 주민들이 손수 재배하고 다듬은 농산물을 파는 작은 장이 선다. 기차가 다시 달린다. 아찔한 교량을 건너고 캄캄한 터널도 수차례 통과한다. 차창 밖 풍경이 달팽이처럼 느릿하게 스쳐 지나간다.

이윽고 산타마을로 알려진 종착역인 분천역이다. 역 주변에 눈썰매장이 있어 아이들의 웃음소리가 연이어 터진다. 옛날 상업 벌목이 성행하면서 분천역은 최고의 호황을 누렸으나 지금은 V트레인 덕분에 관광지로 거듭났다.

O·V트레인을 타면 기차의 낭만과 파노라마처럼 펼쳐진 풍경, 그리고 소소한 마을의 정취를 느낄 수 있기에 아날로그 여행이라 할 수 있다.

태백 이곳저곳 누비기

태백시에는 한국 석탄 산업의 변천사와 광물 자원을 한눈에 볼 수 있는 세계 최대 석탄박물관이 있다. 한때 태백의 발전 원동력이었던 석탄 산업의 발자취를 돌아보면서 현재를 재조명할 수 있다. 1층 로비에 들어서면 석탄 동력의 증기기관이 눈에 띈다. 이것으로 공장도 돌리고, 기차도 달렸다니 신기하다. 특히 탄광생활관에는 광부들의 생활상이 재현되어 옛 시절의 애환과 향수를 불러일으킨다. 광부들이 채굴하던 작업 현장으로 들어가는 체험갱도관은 꼭 가볼 만하다. 채굴 작업은 물론 갱내 사고를 실제에 가깝게

체험갱도관

태백산 정상석

황지연못

연출하여 광산의 위험성과 광부들의 노고를 피부로 느낄 수 있다. 야외전시실로 나오면 화성암, 퇴적암, 변성암 등 다양한 암석 120점이 전시되어 있다. 운반용 기관차, 채굴 장비, 발전기 등 큰 구조물이 전시된 곳을 따라 가볍게 산책하면 좋다.

한국 삼강(三江)의 발원지는 어디일까? 서해로 흐르는 한강의 발원지 검룡소, 삼척을 거쳐 동해로 흐르는 오십천, 남해로 흐르는 낙동강의 발원지 황지연못, 모두 태백시에 모여 있다. 그중 1천300리 영남 지방의 젖줄인 낙동강의 발원지 황지연못은 사람들이 오가는 태백시 중심부에서 쉽게 찾을 수 있다. 황지연못이 낙동강의 근원지라는 사실은 《동국여지승람》, 《척주지》, 《대동지지》에 기록되어 있다. 황지공원의 커다란 비석 아래를 보자. 깊이를 알 수 없는 상지, 중지, 하지로 이루어진 둘레 100m의 소(沼)에서 하루 5천 톤의 물이 방류되고 있다.

---

info.

대중교통 O·V트레인은 서울역 또는 청량리역에서 출발한다. 패키지여행과 자유여행 중 선택할 수 있다. 중부 내륙까지 순환형 O트레인을 이용하고, 철암역-분천역 구간만 V트레인을 이용한다.

내비게이션 O·V트레인(www.letskorail.com, 1544-7788), 태백석탄박물관(강원도 태백시 천제단길 195, 033-552-7730), 황지연못(강원도 태백시 오투로1길 1-8, 033-550-2081)

어디서 묵을까 태백시에는 펜션, 모텔이 많지 않다. 태백고원자연휴양림(033-582-7440)은 건강에 좋은 피톤치드를 마시면서 하룻밤 묵을 수 있는 곳이라고 입소문이 났다. 그중에서도 휴양림에서 쉽게 볼 수 없는 다락이 딸린 방이 인기가 좋다. 하얀 자작나무 군락이 있어 운치를 더한다.

무엇을 먹을까 춘천의 명물, 닭갈비와 견줄 만한 닭요리가 태백에 있다. 그것은 태백의 대표 토속음식인 물닭갈비이다. 그 유래는 1960년대 고된 일을 하던 광부들이 단백질 섭취를 위해서 저렴한 닭고기에 각종 채소를 넣어 끓인 데서 비롯되었다. 뜨끈하고 얼큰한 국물이 일품이다. 50년간 3대째 영업하고 있는 송이닭갈비(033-552-3257)가 유명하다.

물닭갈비

문의: 태백시관광안내소(033-550-2828)

그밖의 대표적인 관광열차 여행지

와인시네마열차

국내산 포도와 와인을 테마로 한 와인열차와 KTX 영화열차가 결합한 신개념 테마관광열차이다. 국내 최고의 와이너리를 체험하고 최신 영화를 관람할 수 있다. 또한, 객차에서 와인 에티켓 강의와 시음, 레크리에이션까지 즐길 수 있다. 영동역에 하차하면 와이너리를 방문하여 점심을 먹고 와인 족욕을 체험한다. 현지 관광 후, 기차에 탑승하면 와인객차와 영화객차에 로테이션으로 좌석을 배정받을 수 있다.
문의: 와인시네마열차
(02-3273-3311)

레일크루즈 해랑

우리나라에서 가장 품격이 높은 기차여행이다. 호화 유람선을 철도와 접목한 호텔식 관광열차이다. 전국 일주 3일 '아우라', 동남부권 2일 '해오름', 서남부권 2일 '씨밀레' 상품으로 나뉜다. 기내식과 간식, 음료는 물론이고, 정차역과 연계한 시티투어와 지역 별미까지 모두 상품에 포함되어 있다.
문의: 해랑(080-850-7749)

DMZ트레일

세계에서 현존하는 가장 특별한 땅인 DMZ(Demilitarized Zone: 비무장지대) 인근으로 떠나는 안보 여행이다. 크게 경의선과 경원선이 있는데, 도라산안보관광, 철원안보관광 또는 시티투어, 연천시티투어 중 선택할 수 있다. 그중 도라산안보관광은 기차를 타고 해당 역에 내린 뒤 전망대로 가 DMZ를 관람한 후, 땅굴을 찾아가는 코스이다. 본인 확인을 위해서 반드시 신분증을 지참해야 한다.
문의: 서울역 여행상담센터
(02-3149-2024)

차표 한 장 손에 들고
부산을 누비는 특별한 기회
부산 시티투어

시티투어, 뚜벅이 여행자를 위해 태어나다

낯선 도시를 여행하는 것은 분명 즐겁고 행복한 일이다. 하지만 스스로 코스를 짜고 대중교통을 이용해서 몇 번의 환승까지 해야 한다면 절대 쉽지 않다. 자칫 버스나 지하철에서 아까운 시간을 허비할 수도 있다. 이런 걱정에서 벗어나게 한 게 시티투어버스이다. 시티투어버스는 낯선 지역의 여행지를 돌아보는 데 있어 가장 편한 방법이다.

부산시티투어버스의 타입으로는 2층·2층 오픈·1층 버스가 있다. 시티투어버스의 묘미를 제대로 즐기려면 2층 오픈 버스를 타야 한다. 무작위로 다니기 때문에 운이 좋아야 탈 수 있다. 당일 KTX 승차권을 기사에게 제시하면 요금의 20%를 할인받을 수 있다. 운행 코스는 순환형 시티투어와 테마예약 코스가 있다.

순환형은 해운대행과 태종대행 두 노선이 대표적이다. 부산의 핵심 여행지가 모두 포함되었다 해도 지나치지 않다. 부산역 광장 아리랑관광호텔 앞에서 첫차가 오전 9시 45분, 마지막 차가 오후 4시 45분에 출발한다. 1시간 40분가량 걸리며, 하루 15회 운행한다. 환승식으로 운행하기 때문에 예약을 받지 않고, 선착순으로 진행한다. 또한 각 승차장에서 대기시간 없이 곧바로 출발한다. 하차했다가 주변을 여행한 뒤, 다음 버스에 탑승하면 된다. 배차 간격은 30분이다. 테마예약 코스는 역사문화탐방·스카이라인·을숙도자연생

2층 오픈 시티투어버스

부산역에서 출발하는 시티투어버스 ↑

해운대로 향하는 시티투어버스 ↓

해운대해변

수려한 해안 정경이 압권인 태종대

태·야경 코스 등이 있다. 예약은 필수이며 자세한 내용은 부산시티투어 홈페이지(www. citytourbusan.com, 1688-0098)를 참조한다.

버스 타고 부산 일주 떠나볼까

해운대행 시티투어 버스는 부산역을 출발해 부산항대교를 건넌다. 2층에서 보는 부산 시내의 풍경은 완전히 색다르다. 길에 늘어선 차량의 지붕을 보는 것도 재밌다. 도로에 진입하면 높게만 보였던 신호등과 도로 표지판이 손에 닿을 것처럼 가깝게 느껴진다. 부산항대교를 올라갈 때는 놀이공원의 롤러코스터를 탄 듯 짜릿하다. 첫 방문지는 부산박물관과 UN기념공원이다. 부산박물관에서는 선사 시대부터 근대에 이르기까지 부산의 역사를 볼 수 있다. 두 번째 정류장은 광안리해수욕장이다. 노천카페에서 광안리 해변을 바라보며 차 한 잔의 여유를 즐겨보자. 이어 APEC 정상들이 만난 누리마루에 정차한 후 해운대해변에 다다른다. 누리마루에서 내려 동백섬을 돌아보고, 해운대해변 정거장에서 승차해도 좋다. 이후 구 해운대기차역─신세계백화점─시립미술관에 차례로 정차한다. 마지막 광안대교를 질주하면서 부산시티투어의 백미를 맛본다. 관광객들의 입에서 탄성이 절로 터진다. 탁 트인 바다를 보며 달리는 기분은 어떤 시티투어버스에서도 맛볼 수 없는 특별한 체험이다. 종착지는 부산역이다.

태종대행 시티투어버스 역시 부산역에서 출발한다. 우리나라 최초의 현수교인 영도대교를 지나 절영해안산책로를 조망할 수 있는 75광장에 정차한 뒤, 태종대에 이른다.

태종대 다누비

부산 야경투어

태종대는 부산을 대표하는 여행지로서 수려한 해안 절경이 압권이다. 시티투어 승차권을 보여주면 태종대 다누비열차 요금이 20% 할인된다. 태종대를 둘러본 후 국립해양박물관을 거쳐 남항대교로 가서 바다 위를 달리는 쾌감을 즐긴다. 이후 송도해수욕장과 BIFF광장, 자갈치시장을 지나 부산역에 도착하면 모든 일정이 마무리된다.

부산 이곳저곳 누비기

해운대해수욕장에 갔다면 달맞이길을 빼놓을 수 없다. 해운대를 지나 송정으로 향하는 길목으로 드라이브만으로도 황홀한 길이다. 달맞이고개를 즐기는 방법은 여러 가지다. 도로 위쪽 갤러리 골목에서 수준 높은 예술 작품들을 감상한 후, 추리문학관을 방문해보자. 미스터리소설을 유독 좋아하던 설립자가 전 세계에 유례없는 추리문학 전문도서관을 만들었다. 커피값 정도만 내면 재미난 추리소설을 온종일 읽을 수 있다. 벗나무와 송림이 울창한 문텐로드는 바다를 벗삼아 걷는 오솔길이다. 입구에서부터 시원한 파도소리가 귓전에 맴돈다. 이름에 걸맞게 해가 진 후에도 조명을 밝혀 달빛을 맞으며 산책할 수 있다. 해월정 인근에는 주말이면 문화장터가 열리는데, 손수 만든 기념품과 액세서리 등을 판매한다.

국립해양박물관

추리박물관

국립해양박물관은 국립해양대학이 자리한 영도에 있다. 바다의 도시답게 미지의 세계로 가는 길인 바다에 관한 다양한 정보를 얻을 수 있다. 탐험과 바다, 해양과학의 미래, 안전한 바다라는 테마로 짜여 있다. 특히 3층 원통형 수족관이 볼만하다. 상어와 대형 가오리가 유유히 물속을 누빈다. 매일 오전 11시에서 12시 사이에 아쿠아리스트가 물속에서 직접 손으로 먹이를 주는 피딩쇼를 진행한다. 그 외에도 4D 영화를 통해 실감 나는 해양 세계를 경험할 수 있다. 옥상에는 호미곶등대, 오륙도등대, 팔미도등대 등 우리나라 대표 등대를 재현해 놓았으니 들러보면 좋다.

info.

대중교통   KTX 서울역-부산역(2시간 30분 소요) / 문의: 코레일(1544-7788)

내비게이션   부산역(부산광역시 동구 중앙대로 206 부산역사, 1544-7788), 달맞이길(부산광역시 해운대구 중2동, 051-749-5700), 추리문학관(부산광역시 해운대구 달맞이길117번나길 111, 051-743-0480), 국립해양박물관(부산광역시 영도구 해양로301번길 45, 051-309-1900)

어디서 묵을까   아름다운 해운대와 30여 년의 시간을 함께한 부산 웨스틴조선호텔(051-749-7000)은 객실 내에서 바로 일출을 볼 수 있는 곳으로 유명하다. 2005년 APEC 정상 회의 당시 미국 부시 대통령 내외가 묵었던 곳으로 화제가 되기도 했다. 호텔 건물 두 동이 이어진 파라다이스호텔(051-742-2121)은 한식·중식·일식·이탈리아 식당을 포함한 고급스러운 레스토랑 시설과 바다가 보이는 오션 스파 '씨메르' 등 다양한 부대시설을 자랑한다.

무엇을 먹을까   태종대를 품고 있는 영도의 명물, 초원복국(051-628-3935)은 3대에 걸친 50년의 전통을 자랑하는 복국의 명가이다. 다양한 재료의 참맛을 살린 복튀김, 복불고기, 복매운탕 등이 인기다. 평화시장과 자유시장 주변에는 유명한 조방낙지골목이 있다. 조방낙지(051-633-8430)는 싱싱한 낙지와 풍부한 해산물에 매콤한 양념을 써서 진하고 깊은 맛을 낸다.

문의: 부산광역시청 관광마이스과(051-888-5215), 관광안내소(1330)

복국

서울 시티투어

서울의 명소를 버스를 타고 돌아본다. 투어를 신청하면 하루 무제한 버스 이용이 가능하다. 1층 버스와 2층 버스가 있으며, 도심·고궁, 야간, 서울파노라마 코스 중 선택하면 된다. 그중 1층 도심·고궁 코스는 명소 22곳에서 정차한다. 내려서 자유 관람한 후 평일 25분, 주말 20분 간격으로 운행하는 버스에 탑승해 다음 장소로 이동할 수 있다.

문의: 서울 시티투어(광화문본점 02-777-6090, 서울역점 02-363-6091)

그밖의 대표적인 시티투어 여행지

인천 시티투어

근대 개항장인 인천은 역사와 전통을 자랑하는 도시이다. 그중에서도 지붕 없는 역사박물관으로 불리는 강화도 코스는 4월에서 10월 매주 토, 일에 하루 1번 운행한다. 고려궁지와 철종의 잠저였던 용흥궁, 강화평화전망대, 강화인삼센터 등 다양한 곳을 돌아본다.

문의: 강서관광(032-772-4000)

안성 시티투어

매주 토요일마다 국내 최고의 풍물놀이와 전통무용 공연 등 다양한 볼거리로 손님을 맞는다. 여기에 문화관광해설사의 재미있는 스토리텔링이 더해진다. 안성맞춤박물관, 안성팜랜드, 태평무와 남사당놀이 관람 등 안성의 명소와 공연을 함께 볼 수 있다. 매월 체험 프로그램이 조금씩 바뀌니 홈페이지를 참고하자.

문의: 안성 시티투어(02-735-8142~3, 031-678-2492)

행복한 미각 여행 맛 VS 맛

경상도식 추어탕 VS 전라도식 추어탕

전주비빔밥 VS 진주비빔밥

쫄면 VS 메밀막국수

대구 서문시장 VS 서울 광장시장

병천 순대국밥 VS 밀양 돼지국밥

서울 멸동 VS 전주 한옥마을

통영 다찌 VS 전주 막걸리

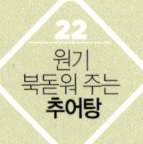

22
원기
북돋워 주는
추어탕

경상도식 추어탕
VS
전라도식 추어탕

추어탕은 가을에 제맛이다. 살이 통통하게 올라 영양과 맛이
풍부해지기 때문이다. 중국 명나라 때의 약학서인《본초강목》에 따르면
'미꾸라지는 뱃속을 따뜻하게 하고 원기를 돋우며 숙취 해소에 좋을 뿐
아니라 발기 불능에도 효과가 있다'고 한다. 그 덕에 남정네들이
즐겨 먹지만 사실상 누구나 좋아하는 국민 보양식이다.
지역에 따라 들어가는 재료와 조리법이 다른 만큼 기억해두었다가
본고장에 가서 그 맛을 즐겨보면 좋겠다.

경상도식 추어탕 ↑   전라도식 추어탕 ↓

산초와 얼갈이배추의 개운한 맛

경상도식 추어탕

점심 메뉴로 든든하게 한 끼를 해결할 수 있는 추어탕은 지역에 따라 요리하는 방법이 다양하다. 대표적으로 경상도식과 전라도식이 있다. 또 많지는 않지만, 서울식과 강원도식 추어탕을 내놓는 음식점들도 있다.

경상도식 추어탕은 얼갈이배추, 토란대, 부추 등을 넣고 맑게 끓인다. 그리고 다른 지방 사람들은 좀처럼 찾지 않는 방아잎과 산초가루로 맛과 향을 더한다. 특히 산초는 알싸한 맛과 강한 향 때문에 초보자가 쉽게 도전하기 어렵지만, 그 맛에 한번 중독되면 다시 찾을 수밖에 없다. 추어탕에 국수를 말아 먹는 것도 경상도식만의 특징이다. 알싸한 산초향과 부드러운 국수 면발이 얼갈이배추와 함께 어우러져 최고의 앙상블을 이룬다. 여기에 부드럽게 삶은 토란대가 씹는 맛을 더해준다. 들깻가루가 들어가지 않아 국물이 맑고 개운하다. 부산을 비롯한 경상남북도 대부분 지역에서 맛볼 수 있다.

부산 중구 부평동에 있는 '구포집'은 60년 전통의 3대째 이어오는 추어탕 맛집이다. 점심시간에는 넥타이 부대가 장사진을 이룬다. 생선뼈를 우린 육수에 미꾸라지를 간 국물을 함께 끓인 뒤, 데친 얼갈이배추, 고사리, 토란대, 숙주나물 등을 된장에 버무려 한 번 더 끓여낸다. 기호에 따라 다진 마늘과 고추를 넣어 먹는다. 방아잎이 싫다면 주문할 때 빼달라고 하자. 생선뼈를 우려서 국물 맛이 더 깊고 구수하다. 일곱 가지 정도의 밑반찬이 함께 나오는데 다른 추어탕집보다 많은 편이다.

해운대 동백섬은 여행자는 물론 인근 주민들도 많이 찾는 곳이다. 해운대해수욕장 끝자락과 연결된 육계도로서 봄이면 동백꽃이 만발하여 동백섬이라 불린다. 섬 주위를 따라 산책로가 잘 닦여 있으며, 전망 좋은 곳이 많아 수시로 발길이 멈춘다. 섬 중간쯤 2005년 APEC 정상회담 장소인 부산 누리마루 APEC 하우스가 있어 들러보면 좋다.

동백섬

부산 아쿠아리움은 국내 최대 크기의 수조를 자랑한다. 250종, 1만여 마리의 해양 생물들이 살고 있으며, 8개 전시존으로 구성된다. 커다란 상어와 거북이, 그리고 작은 해마와 우아하게 유영하는 가오리까지 다양한 바다 생물을 만날 수 있다.

부산시립미술관은 16개의 전시실과 도서관, 휴식 공간을 갖추고 있다. 1년 내내 수준 높은 기획전과 소장품전, 해외미술전이 끊이지 않는다. 시에서 운영하는 만큼 관람료는 무료이다. 평일 하루 2회, 주말 하루 3회 실시하는 도슨트의 안내가 작품에 대한 이해를 돕는다.

---

info.

대중교통
①부산역 정류장에서 1003번 버스 승차 후 동백섬입구 정류장 하차
②부산서부버스터미널 앞 부산 지하철 2호선 사상역 승차 후 동백역 하차

내비게이션
동백섬(부산광역시 해운대구 우동 710-1, 051-749-7621), 부산아쿠아리움(부산광역시 해운대구 해운대해변로 266, 051-740-1700), 부산시립미술관(부산광역시 해운대구 APEC로 58, 051-744-2602)

어디서 묵을까
호텔파라곤(051-328-2001)은 부산 중심가에 있는 특2급 호텔로 지하철과 터미널이 가까워 교통이 편리하다. 노보텔엠배서더부산(051-743-1234)은 리조트 시설을 골고루 갖춘 특급 호텔이다. 천연 식염천인 온천 사우나가 유명하다.

문의: 부산광역시청 관광마이스과(051-888-5211), 해운대종합관광안내소(051-749-5700)

대표적인 경상도식 추어탕 맛집

구포집(추어탕, 복국, 생대구탕)
주소: 부산광역시 중구 보수대로36번길 14-1, 문의: 051-244-2146
청도추어탕(추어탕, 다슬기탕)
주소: 부산광역시 수영구 망미번영로52번길 73, 문의: 051-626-2250
명수정(추어탕, 민물장어구이)
주소: 부산광역시 금정구 구서로 23 화신빌딩 제1동, 문의: 051-517-4114

들깻가루와 우거지의 구수한 맛

전라도식 추어탕

전라도식 추어탕은 무시래기를 듬뿍 넣고, 삶은 미꾸라지를 먹기 좋게 갈아서 넣는다. 된장으로 밑간하여 국물이 구수하다. 들깻가루를 몇 숟가락 넣어 걸쭉하게 먹는 게 특징이다. 추어탕 하면 전라도식, 그것도 남원식을 꼽을 만큼 추어탕 세계를 평정했다.

전라북도 남원시 광한루 인근 추어탕 거리에 가면 20여 곳의 추어탕집이 영업 중이다. 그중에서 '새집추어탕'은 구수한 국물 맛으로 유명하다. 맛의 비결은 미꾸리에 있다. 미꾸리는 미꾸라지보다 몸이 가늘고 동글동글하게 생겼는데, 뼈가 부드러워 구수한 맛이 강하다고 한다. 고랭지 시래기도 구수한 맛을 내는데, 한몫한다. 질기지 않아 식감이 좋다. 직접 만든 간장, 고추장, 된장 또한 이곳 음식 맛의 비법이다. 이맛을 잊지 못해 주말에는 전국에서 모여든 산악인들이 지리산 등반을 마치고 몰려든다.

새집추어탕은 1959년에 개업한 이래 단 하루도 쉬지 않고 영업을 했다. 지금은 2대 사장이 물려받아 옛맛과 전통을 잇고 있다. 추어숙회는 술안주로, 추어튀김은 어린이가 먹기 좋다.

날뭐 이곳저곳 누비기

광한루원은 춘향전으로 유명해진 곳이다. 1419년에 조선의 명재상 황희가 세우고, 세종 16년에 중건했다. 춘향과 이몽룡의 아름다운 러브 스토리가 아로새긴 광한루는 연못을 가로지르는 오작교와 함께 한 폭의 그림처럼 아름답다. 고전 《춘향전》의 무대가 된 월매집과 춘향의 일대기를 9폭의 대형 화폭에 담은 춘향관도 들러보자. 수목이 푸름을 더할 때 방문하면 산책 코스로 더없이 좋다. 아름드리나무들이 누각과 조화를 이루어 시원한 그늘을 만들어준다.

남원 광한루원

춘향테마파크는 이름 그대로 《춘향전》을 테마로 구성한 공원이다. 에스컬레이터를 타고 '천 년 사랑의 만남길'을 오르면 공원이 나타난다. 춘향전의 주요 인물들이 그려진 기둥을 지나면 천 년 사랑을 맹세하는 '맹약의 장'을 만난다. 춘향과 이몽룡의 사랑과 이별을 거쳐 '시련의 장'이 나온다. 마지막은 춘향이 금의환향한 이몽룡과 만나는 '축제의 장'으로 끝을 맺는다. 여기에 관람객들이 직접 체험할 수 있는 각종 프로그램과 타악 공연 및 마당극이 있어 더욱 흥겹다.

---

info.

대중교통
①남원역 정류장에서 133번, 142번, 161번 버스 승차 후 제일은행 정류장 하차
②남원공용버스터미널 앞 시외버스터미널 정류장에서 101번 버스 승차 후 제일은행 정류장 하차

내비게이션
광한루원(전라북도 남원시 요천로 1447, 063-620-8901), 춘향테마파크(전라북도 남원시 양림길 14-9, 063-620-6836)

어디서 묵을까
일성지리산리조트(063-636-7000)는 남원을 포근히 안아주는 지리산 노고단 자락에 있다. 계절에 따라 변화하는 지리산의 아름다움을 가까이에서 느낄 수 있다.

문의: 남원종합관광안내소(063-620-6175), 광한루원관광안내소(063-620-6752)

대표적인 전라도식 추어탕 맛집

새집추어탕(추어탕, 추어숙회, 미꾸리튀김)
주소: 전라북도 남원시 천거길 9, 문의: 063-625-2443
부산집(추어탕, 미꾸리튀김)
주소: 전라북도 남원시 요천로 1411, 문의: 063-632-7823
월매추어탕(추어탕, 숙회, 청국장백반)
주소: 전라북도 남원시 광한서로 9, 문의: 063-631-0788

전주비빔밥
VS
진주비빔밥

'슥슥슥' 찬밥에 냉장고에 있는 먹다 남은 나물과 고추장을 넣어
대충 비벼 먹는 비빔밥은 잊자! 임금님 수라상에 올랐을 법한
전주비빔밥에는 30여 가지 재료가 철마다 다르게 올라간다. 육회와
황포묵, 달걀노른자가 진주식과 다르게 고명으로 오른다. 진주비빔밥은
역사 속에서 죽음을 앞둔 민·관·군이 눈물을 삼키며 먹었던 비운의
비빔밥이다. 잘게 썬 나물에 선짓국이 따라 나온다.

전주비빔밥↑

진주비빔밥↓

입보다 눈이 먼저 먹는다
전주비빔밥

전주는 조선을 건국한 태조 이성계의 본관으로, 왕조의 마지막 임금 순종 때까지도 왕가와 밀접한 연을 맺고 있었다. 당연히 왕실에서 먹던 음식에 전주의 맛이 첨가되었을 테고, 반대로 왕실의 음식이 전주 상류층, 즉 왕족들을 통해 전주에 자연스럽게 스며드는 것도 자명한 일이었다. 전주비빔밥의 유래는 정확히 알려진 바 없지만 분명한 것은 다른 지방의 비빔밥과는 확연히 다르다.

조선 시대 임금은 점심때나 종친이 입궐했을 때, 가벼운 식사를 했는데, 이것을 '비빔수라'라 불렀다. 임금이 먹는 비빔밥이니 들어가는 재료와 만드는 방법도 남달랐을 터. 우선 밥을 지을 때, 소머리 곤 물로 밥을 짓는다. 이렇게 하면 밥알이 서로 달라붙지 않아 잘 비벼지고, 윤기가 흐른다. 그리고 싱싱한 소고기 육회가 빠지지 않고 들어간다. 이 두 가지만 해도 일반 백성들이 따라 하기 어렵다. 이에 더해 전주의 색깔을 살린 콩나물과 황포묵이 오른다. 비빔밥 한 그릇에 우주를 담은 듯 화려한 색의 채소를 썰어 마무리까지 하고 나면 수라상에 어울리는 특별한 음식이 된다. 당장 먹고 살 일이 걱정인 서민들이 음식에 미감(美感)까지 더하기란 쉽지 않은 일이다.

전주비빔밥은 한옥마을 어느 식당에 가나 비슷한 맛이다. 다만, 어떤 그릇에 담겨 나오느냐, 식당 분위기가 어떠냐에 따라 가격이 달라진다. 이 점을 고려해서 선택하면 된다.

오목대 전망대에서 바라본 전주 한옥마을의 풍경　　　　　　최명희문학관

전주 이곳저곳 누비기

오목대는 태조 이성계가 남원에서 왜구를 크게 무찌른 후, 전주 이씨 종친들을 모아 놓고 연회를 연 곳이다. 집안 어른들이 지켜보는 가운데 이성계는 전주 시가지를 내려다보며 한 고조가 지은 시, 대풍가를 불렀다. 여기에 1900년 고종이 친필로 쓴 '태조고황제주필유지(太祖高皇帝駐畢遺址)' 즉, '조선을 창업한 태조께서 말을 멈추고 머물렀던 곳'이라 새긴 비가 세워졌다. 한옥마을을 한눈에 볼 수 있는 위치에 자리해 많은 이들이 찾는 곳이다. 《혼불》의 작가 최명희는 전주 한옥마을에서 어린 시절을 보냈다. 최명희문학관은 2006년 4월, 작가의 생가(生家) 가까운 곳에 세워졌다. 아담한 마당과 작은 규모의 공원이 있어 잠시 쉬어가기 좋다. 전시관 안에는 작가의 친필 원고와 지인들에게 보낸 엽서와 편지가 전시되어 있다. 작가의 대표작 《혼불》 관련 자료나 작가의 생전 인터뷰 동영상도 볼만하다.

info.

대중교통　①전주역 정류장에서 105번, 119번 버스 승차 후 남부시장 정류장 하차
　　　　　②전주시외버스공용터미널 앞 금암광장 정류장에서 165번, 380번, 970번 버스 승차 후 남부시장 정류장 하차

내비게이션　오목대(전라북도 전주시 완산구 교동 산1-11, 063-281-2114), 최명희문학관(전라북도 전주시 완산구 최명희길 29, 063-284-0570)

어디서
묵을까　전주 한옥마을에서 하루 숙박해보자. 한옥생활체험관(063-287-6300)은 조선 시대 양반집을 연상케 하는 곳이다. 옛 한옥에서 전통문화를 체험하며 하룻밤 묵을 수 있고, 아침에는 정갈한 오첩반상도 받을 수 있다. 다락(010-8774-1963)은 전통 한옥을 현대적으로 재해석한 곳이다. 한옥의 불편함을 최소화하여 객실마다 실내 화장실을 갖추고 있다.

　　　　　문의: 한옥마을관광안내소(063-281-2114)

대표적인
전주비빔밥
맛집

한국관(전통육회비빔밥, 파전, 인삼비빔밥)
주소: 전라북도 전주시 완산구 태조로 31, 문의: 063-232-0074
성미당(전주비빔밥, 삼계탕, 황포묵)
주소: 전라북도 전주시 완산구 전라감영5길 19-9, 문의: 063-287-8800
풍남정(전주비빔밥, 육회비빔밥, 육회)
주소: 전라북도 전주시 완산구 전동 태조로 52, 문의: 063-285-7782

육회와 선짓국이 주연이다

진주비빔밥

임진왜란 때, 진주성 전투를 통해 탄생한 음식이 진주비빔밥이다. 진주성이 2차 전투에서 함락되기 직전, 장병과 백성들은 소를 잡아 육회를 만들고, 나물을 함께 넣어 비벼 먹었다. 육회로 사용하지 못하는 부위는 국을 끓였는데, 선지도 함께 넣었다고 한다. 이처럼 비통한 사연이 담겼기에 진주비빔밥은 한번쯤은 맛을 봐야 할 음식이다. 인터넷이나 현지인들에게 진주비빔밥 잘 하는 곳을 물어보면 이구동성으로 '천황식당'을 꼽는다.

천황식당은 3대에 걸쳐 80년이 넘도록 한 장소에서 장사를 하는 뼈대 있는 식당이다. 단층으로 된 기와 건물에 60년 이상 된 식탁과 의자들이 가게의 역사를 말해준다. 유리창, 외벽, 전화기 등 어느 것을 봐도 최소한 40년은 훨씬 넘은 물품들이다. 그야말로 박물관이라고 해도 과언이 아니다. 이 식당에서 내놓는 비빔밥의 특징은 들어간 나물이 상당히 부드럽다는 것이다. 더구나 씹기 좋도록 잘게 잘라서 나온다. 그래서 비비기 좋고, 먹기도 좋다. 육회는 신선한 선홍색을 띠고 있다. 재래식 메주로 빚은 간장과 특유의 비법으로 만든 고추장이 전체적인 맛을 이끌어 간다. 함께 나오는 선지를 넣은 소고깃국 또한 맛이 일품이다. 선짓국만 따로 팔아도 되겠다며 칭찬을 아끼지 않는 손님이 있을 정도로 깔끔하고 개운한 맛이다. 혹여 짠맛에 길든 입맛이라면 심심하다고 할 수도 있겠지만, 건강하고 맛있는 밥상이라는 데는 이견이 없다.

촉석루   남강에서 본 촉석루

진주 이곳저곳 누비기

진주성은 남강변 절벽 위에 세워진 성으로 임진왜란 3대 대첩 중 하나인 '진주성대첩'의 현장이다. 촉석루는 우리나라 3대 누각 중 하나로 유려하게 흐르는 남강을 앞에 두고, 진주성 위에 자리한다. 누각 아래에는 논개가 왜장을 껴안고 몸을 던진 의암이 있다. 촉석루를 떠받치고 있는 벼랑만큼이나 크고 당당하게 느껴진다. 이곳은 미국 CNN에서 선정한 '한국 방문 시 꼭 가봐야 할 곳 50선'에 뽑히기도 했다.

진주성에서 20분 남짓 달리면 한적한 시골 풍경을 만날 수 있다. 우곡정이란 정자가 있어 우곡마을이라 부른다. 우곡정은 고려 후기에 대사헌을 지낸 정온이 태조 이성계의 역성혁명에 반대하여 낙향해 지은 정자다. 1976년에 지금의 모습으로 중건되었다. 대문 밖 앞마당에 있는 작은 연못이 인상적이다. 정온이 이곳에서 낚시했다고 한다. 나이를 알 수 없는 굵은 노송은 섬으로 가지를 뻗고 있다. 조선 개국 당시의 위태로운 세태를 보는 듯하다.

info.

대중교통 ①진주고속버스터미널 앞 고속버스터미널 정류장에서 250번, 251번, 262번 버스 승차 후 진주성 정류장 하차
②진주역 정류장에서 131번 버스 승차 후 개양오거리 정류장 하차, 120번으로 환승해 진주성 정류장 하차

내비게이션 진주성(경상남도 진주시 본성동, 055-749-2480), 우곡정(경상남도 진주시 사봉면 우곡길 79-34)

어디서 진양호 근처에 있는 아시아레이크사이드호텔(055-746-3734)의 시설이 좋다. 숙소에 묵으면서 진양호 주변을
묵을까 산책할 수 있다. 달강펜션(010-4175-2641) 역시 수채화 같은 진양호를 조망할 수 있다. 황토와 소나무로 지어
건강한 하룻밤을 보내기에 제격이다.

문의: 진주시청 문화관광과(055-749-2054)

대표적인 천황식당(육회비빔밥, 불고기, 육회)
진주비빔밥 주소: 경상남도 진주시 촉석로 207번길 3, 문의: 055-741-2646
맛집 제일식당(육회비빔밥, 해장국, 육회, 국밥)
주소: 경상남도 진주시 진양호로 547번길 10-24, 문의: 055-741-5591
하연옥(진주비빔밥, 진주물냉면, 진주온반)
주소: 경상남도 진주시 진주대로 1317-20, 문의: 055-746-0525

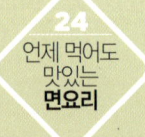

쫄면
VS
메밀막국수

한 번씩 입맛 없을 때, 생각나는 음식이 '면'이다. 입맛을 돋워주는
면요리 중에서 으뜸은 쫄면이다. 탱탱한 면발에 수북하게 채소가
곁들여져 포만감은 있을지언정 살찔 걱정은 하지 않아도 된다.
살얼음 둥둥 떠 있는 메밀막국수도 별미로 빼놓을 수 없다.
메밀전병, 메밀전, 메밀묵까지 메밀만으로도 한상차림이 어렵지 않다.

쫄면↑   메밀막국수↓

새콤, 달콤 분식의 새로운 역사를 쓰다
쫄면

쫄면처럼 요리의 유래가 분명한 음식도 없을 것이다. 쫄면은 1960년대 말, 인천 광신제면 직원의 실수로 탄생한 음식이다. 일이 많던 여름 어느 날, 실수로 면발 뽑는 금형을 기계에 잘못 끼워서 면발이 굵게 나왔다. 버리기 아까워 가까운 분식집에 줬더니 색다른 요리를 만들어냈다. 이것이 쫄면의 시작이 될 줄은 누구도 몰랐을 것이다.

인천 중구 신포국제시장에 자리한 '신포우리만두'는 쫄면을 대중화시킨 분식점이다. 창업주 박기남 회장이 1971년 3평 남짓한 작은 가게에서 시작해 1987년 고향 김제에 공장을 짓고, 국내는 물론 해외에까지 체인점을 내며 토종 프랜차이즈의 대세 자리를 지키고 있다.

쫄면에 삶은 콩나물과 채 썬 양배추, 오이와 달걀 그리고 새콤, 달콤, 매콤한 양념장이 더해지면 준비 끝이다. 신포우리만두의 양념장은 질 좋은 고추장에 마늘즙, 식초, 설탕, 생강즙, 레몬즙, 깨소금, 양파 간 것 등 모두 30여 가지가 넘는 양념을 넣어 맛을 낸다고 한다. 면은 일반 쫄면보다 굵다. 원조의 위상에 걸맞게 면이 쫄깃하게 살아 있다. 콩나물도 아삭하고 뜨끈한 멸치다시국물은 매운맛을 다스리기에 좋다. 만두를 곁들여 먹으면 좋다. 신포만두는 만두피가 유난히 얇고 속이 알차다. 고기만두는 특유의 누린내가 전혀 나지 않는다.

차이나타운   신포시장

인천 이곳저곳 누비기

차이나타운은 한국 속 작은 중국으로 우리나라 최초로 짜장면이 탄생한 곳이다. 짜장면의 역사를 한눈에 볼 수 있는 짜장면박물관은 꼭 들러봐야 할 필수 코스다. 삼국지의 주요 장면 77개를 벽화로 그려 놓은 삼국지벽화거리도 볼만하다.

신포국제시장은 인천 개항 100년 역사와 함께해온 인천 최초의 근대적 상설시장이다. 19세기 말, 신포동에서 야채류를 팔던 푸성귀전이 신포시장의 전신이다. 신포국제시장은 쫄면의 시초이자, 고향이며 달콤한 닭강정과 눈부터 즐거워지는 오색만두, 이색순대, 달인이 직접 만든 수제어묵, 40년 전통의 중국 전통 공갈빵으로 유명하다.

자유공원은 1888년 국내 최초로 조성된 서양식 공원이다. 각국조계(各國租界)에 자리 잡았기 때문에 '각국공원', '만국공원'으로 불리기도 했다. 1957년 인천상륙작전을 지휘했던 맥아더 장군 동상을 건립하면서 '자유공원'으로 불린다.

---

info.

대중교통
①서울 지하철 1호선 인천역(차이나타운 역) 하차, 1번 출구로 나와서 도보로 이동
②인천종합터미널 앞 신세계백화점 정류장에서 514-1번 버스 승차 후 주안역 환승 정류장 하차
③서울 지하철 1호선 주안역 승차 후 인천역 하차, 1번 출구로 나와서 도보로 이동

내비게이션
차이나타운(인천광역시 중구 차이나타운로59번길 12, 032-760-7537), 신포국제시장(인천광역시 중구 우현로 49번길 11-5, 032-772-5812), 자유공원(인천광역시 중구 자유공원남로 25, 032-761-4774)

어디서 묵을까
베니키아호텔 월미도 바다의별(032-765-7000)은 월미도 관광특구에 위치한다. 인천의 명소인 월미산과 놀이동산, 문화의 거리 등을 함께 돌아볼 수 있어 좋다. 인천 서구 원당동에 있는 자미궁(032-567-1188)은 궁궐처럼 규모가 웅장하다.

문의: 인천종합관광안내소(032-832-3031)

대표적인 쫄면 맛집

신포우리만두(쫄면, 찐만두, 군만두)
주소: 인천광역시 중구 제물량로166번길 29, 문의: 032-772-4958
락면(비빔쫄면, 물쫄면, 골뱅이쫄면)
주소: 인천광역시 서구 승학로 584 힘찬프라자, 문의: 032-565-9388
신포우리만두(인천송도점)
주소: 인천광역시 연수구 송도동 23-4 센트럴파크Ⅱ, C-117호, 문의: 032-833-1301

막 비벼 먹어야 맛있다
메밀막국수

소설가 이효석 하면 《메밀꽃 필 무렵》이 먼저 떠오른다. 메밀꽃이 만발하는 9월에, 봉평은 소설 속 표현처럼 '소금을 흩뿌린 듯' 몽환적이고 서정적인 아름다움에 푹 빠져든다. 그래서 강원도 평창군 봉평에는 어딜 가나 메밀 음식점 천지다. 메밀부침개, 메밀막국수, 메밀칼국수, 메밀수제비, 메밀묵, 메밀막걸리, 메밀전병 등 메밀로 만든 음식도 여러 가지다. 이 중에서 역시 메밀막국수가 기본이다. 메밀은 칼로리가 매우 낮아 다이어트 식품으로도 인기가 좋지만, 고혈압, 당뇨, 이뇨작용에 효험이 있는 건강식품이다.

숭숭 썰어낸 김치와 어슷썰기로 썰어 소금에 살짝 절였다가 헹군 뒤 물기를 꼭 짜낸 오이를 얹고, 겨자와 식초를 넣고 휘휘 저어 먹는다. 여기다가 살얼음이 둥둥 떠 있는 푸짐한 국물까지 한 모금 들이켜고 나면 새콤하고 시원한 맛에 뱃속까지 선선해진다. 그래서 메밀막국수는 식욕을 잃기 좋은 여름에 먹으면 제격이다. 입맛에 따라 무, 열무김치, 배추김치 등을 얹어 먹어도 좋다.

이효석문학관 주변에 맛집들이 여럿 모여 있는데, 그중에서 메밀밭은 메밀막국수에 황태를 넣어 맛을 깊게 한다. 이렇게 하면 맛을 좋게 하는 것은 물론 황태의 따뜻한 성질이 메밀의 차가운 성질을 보완해 건강까지 챙길 수 있다고 한다. 봉평막국수는 반죽과 면을 직접 뽑아 투박하지만, 옛 맛을 즐길 수 있어 사람들이 많이 찾는다.

이효석문화마을   무이예술관 야외전시장

평창 이곳저곳 누비기

이효석문화마을은 국내 최초로 문학 작품을 스토리텔링해서 성공한 관광지이다. 소설가 이효석과 관련된 볼거리가 풍성하다. 작가의 작품세계와 생애를 알 수 있는 이효석문학관은 꼭 가볼 만하다. 인간 이효석의 진면모를 확인할 수 있다. 효석문학숲공원은 소설을 테마로 한 자연학습장으로 삼림욕장, 맨발 산책로 등이 조성되어 있다. 이외에도 소설 속에 등장하는 충주집, 물레방앗간, 이효석 생가 등 이효석의 문학세계가 사실적으로 재현되어 있다.

평창무이예술관은 2001년 폐교된 무이초등학교를 리모델링한 작가들의 아틀리에이다. 조각, 도예, 서예가 함께하는 작업실이자 오픈 스튜디오로 사용되고 있다. 예약하면 작가와 체험 프로그램에 참여할 수 있다. 메밀꽃 압화, 원목 메밀꽃 그림, 목걸이, 휴대폰 고리 등에 서양화 그리기 체험이나 가훈, 명언 써 주기 등 서예 체험이 있다.

info.

대중교통   평창버스터미널에서 장평, 대화 방면 농어촌버스 승차 후 장평터미널 하차, 또는 장평, 무이예술 방면 농어촌버스 승차 후 평촌 정류장에서 하차

내비게이션   이효석문화마을(강원도 평창군 봉평면 창동리, 033-335-9669), 평창무이예술관(강원도 평창군 봉평면 사리평길 233, 033-335-6700)

어디서 묵을까   700빌리지(033-334-5600)는 5천 평 규모의 쾌적한 휴양지이다. 도심에서는 할 수 없는 산나물 채취, 나무 심기, 주말농장 등 각종 영농 체험까지 할 수 있다. 빌리지에서 직접 만든 등산 코스가 있어 아침 산책에 좋다.

문의: 평창군종합관광안내소 033-330-2771

대표적인 막국수 맛집

현대막국수(메밀막국수, 메밀부침, 편육)
주소: 강원도 평창군 봉평면 동이장터길 17, 문의: 033-335-0314
청옥막국수(사골막국수, 비빔막국수, 편육, 해물칼국수)
주소: 강원도 평창군 평창읍 문화길 45, 문의: 033-333-3311
메밀꽃필무렵(메밀물국수, 메밀비빔국수, 메밀전)
주소: 강원도 평창군 봉평면 이효석길 33-13, 문의: 033-335-4594

대구 서문시장
VS
서울 광장시장

시끌벅적한 시장에는 사람 사는 냄새가 물씬 난다. 흐르는 군침
삼켜가며 엄마 치맛단 꼭 붙잡고 길을 걷던 꼬마는 이제 엄마가 되어
시장을 되찾는다. 우리가 태어나기 전부터 시장에는 먹을거리와
이야깃거리가 넘쳐났다. 한 잔 술에 의지해 시름을 달래는 서민들에게는
간단히 허기를 때우는 난전 음식으로, 추억 만들기에 나선
여행자들에게는 색다른 별미로 시장 음식은 모양을 달리한다.

대구 서문시장 ↑

서울 광장시장 ↓

조선 3대 시장의 명성을 잇다
대구 서문시장

서문시장의 옛 이름은 대구장이다. 17세기에 형성되었다고 전해지는데, 당시에는 끝자리 2·7일에 서는 오일장이었다. 평양장, 강경장과 함께 조선 3대 시장으로 영남 지방의 산물이 모두 이곳에 모였다고 해도 지나치지 않았다. 1909년부터 경상 감영 서문 밖 시장이란 뜻으로 서문시장이라 불렸다. 예나 지금이나 변함없는 것은 시끌벅적하고 왁자지껄하다는 것. 서문시장은 조선 후기부터 포목시장으로 명성을 얻었다. 그 맥을 이어 대구는 지금도 섬유 산업의 중심 도시로 손꼽힌다.
여행자들에게 가장 반가운 곳은 동산상가와 1지구에서 4지구 사이에 있는 먹을거리 시장이다. 대표 음식은 칼국수, 칼제비(칼국수와 수제비), 잔치국수, 보리밥 등이다. 가볍게 한 끼 때우기 좋고, 추운 겨울에는 뜨끈한 국물까지 덤으로 마실 수 있어 밥때가 되면 자리가 부족하다. 얄팍한 만두에 당면을 넣고, 프라이팬에 구워내는 납작만두, 씨앗이 푸짐하게 들어간 호떡, 〈생활의 달인〉에 출연한 달인이 만든 잎새만두, 새로운 경지를 개척한 수제 어묵, 아이디어로 경쟁한 김밥, 즉석에서 짜주는 100% 자몽주스와 오렌지주스 등 주전부리용 분식들도 즐비하다. 장보기와 별개로 식도락을 위해 시장에 나오는 사람이 있을 정도니, 서문시장에서 음식 이야기를 빼고는 장을 봤다고 할 수 없다. 식도락 여행을 하는 데만 2~3시간이 걸릴 정도다.

서문시장 대표 먹거리

대구 이곳저곳 누비기

달성토성(달성공원)은 고대 부족국가였던 달구벌의 근거지로 방어를 위해 토성을 쌓은 곳이다. 근·현대를 거치면서 아픈 과거사를 가진 곳이기도 하다. 현재는 대구 시민들의 휴식처로 사랑받고 있으며, 동물원과 향토역사관이 있어 아이들과 함께 가면 좋다. 여름이면 토성길 위가 울창한 수목으로 뒤덮여 산책을 즐기기 좋다.

앞산공원은 대구 시민의 오랜 친구 같은 곳이다. 등산 코스가 잘 되어 있지만, 체력과 시간이 허락하지 않는 사람들을 위하여 케이블카를 운행한다. 케이블카를 타고 전망대에 오르면 파노라마처럼 펼쳐진 대구 시내가 한눈에 들어온다.

수성유원지는 대구 지역 농업 발전을 위해 일본인이 만든 인공 호수이다. 현재는 대구 시민들의 휴식과 레저를 위한 곳으로 발전했다. 유원지 주위로 산책로가 잘 닦여 있으며, 호수에서 오리배를 타는 사람들을 쉽게 볼 수 있다. 인근에 분위기 좋은 카페와 음식점, 들안길먹거리타운이 있어 외식 장소로 그만이다. 주·야간에 걸쳐 작동하는 영상분수도 꼭 챙겨보자.

수성못

info.

대중교통	①대구역앞 정류장에서 808번 버스 승차 후 달성공원앞 정류장 하차 ②서대구고속버스터미널 앞 만평네거리 정류장에서 427번 버스 승차 후 달성공원건너 정류장 하차
내비게이션	달성공원(대구광역시 중구 달성공원로 35, 053-554-7907), 앞산케이블카(대구광역시 남구 앞산순환로 574-114, 053-656-2994), 수성유원지(대구광역시 수성구 두산동, 053-666-2863)
어디서 묵을까	그린스텔은 대구를 찾는 여행자에게 저렴하면서도 깨끗한 숙소를 제공한다. 150개소가 있는데, 그중 투엑스모텔(053-423-4231)은 무료 인터넷과 와이파이가 가능한 비즈니스호텔로 동성로에서 도보로 10분 거리에 있다. 문의: 대구관광정보센터(053-627-8986)

대표적인 대구 맛집 골목

서문시장(칼국수, 납작만두, 어묵)
주소: 대구광역시 중구 큰장로 26길 45, 문의: 중구청 위생과 053-661-2761
복현오거리 막창골목(막창, 곱창구이)
주소: 대구광역시 북구 복현동, 문의: 북구청 위생과 053-665-2761
동인동 찜갈비골목 (찜갈비, 매운갈비)
주소: 대구광역시 중구 동인동1가, 문의: 중구청 위생과 053-661-2761

우리나라 최초의 상설시장
서울 광장시장

1905년 을사늑약 이후, 남대문시장의 경영권이 일본인들에게 넘어가자 뜻있는 조선인들이 모여 광장시장을 열었다. 이로써 우리나라에도 상설시장 시대가 열렸다. 광장이란 '광교'와 '장교' 사이에 있는 시장이란 뜻이다. 현재 점포수가 5천여 개, 일일방문자 6만5천여 명에 이르는 대형시장으로 자리 잡았다.

광장시장은 뭐니 뭐니 해도 빈대떡이다. 간식, 식사 대용, 술안주 모두 그만이다. 맷돌에 녹두를 직접 갈아서 만드는데, 외국인들의 눈에는 신기하기만 하다. 빈대떡은 기름에 튀겨내듯 바삭하게 구워낸다. 양파간장은 입맛을 돋워준다.

마약김밥 역시 간편하게 즐기기 좋은 음식이다. 엄지손가락 마디만한 굵기로 겨자소스에 찍어 한입에 먹는다. 매콤하고 톡 쏘는 맛에 한번 길들여지면 쉽게 뿌리칠 수 없다. 그래서 마약김밥이다. 좌판 음식으로는 순대가 많이 팔리고, 대구탕 맛집으로 알려진 은성횟집도 유명하다. 그런데 시장에서 맛집을 논하기란 쉽지 않다. 몇몇 집이 매스컴에 소개되면서 맛집이라 하지만, 맛에는 별다른 점이 없다. 워낙 정신없이 분주하고 시끌벅적하기에 서비스나 정갈한 분위기는 기대할 수 없다. 그저 푸짐한 양과 저렴한 가격이 매력이니, 인상 좋은 아주머니의 가게를 찾는 게 상책이다.

서울 이곳저곳 누비기

남산공원에 있는 N서울타워는 서울을 한눈에 조망
할 수 있는 곳으로 전 세계 타워 중 열 번째(236.7m)
로 높다. 전망대와 회전 레스토랑에는 서울의 아름
다운 야경을 관람하러 오는 연인들이 많다. 매일 밤
서울 밤하늘을 화려하게 수놓는 레이저쇼도 인기 만
점. 케이블카나 경사형 엘리베이터인 '남산오르미'를
이용하면 남산 중턱까지 편하게 오를 수 있다.

서울빛초롱축제

청계천은 원래 자연 하천이었으나 아스팔트로 덮여
오랫동안 도로로 사용되었다. 2005년 3년여의 공사 끝에 본 모습을 찾고 서울 시민의 품으로 돌아왔다.
광화문에서 동대문까지 10.84km의 하천에서 복원 중 발굴된 조선 시대 유물들을 관람할 수 있다. 일몰
이후, 야간 조명이 들어와 청계천을 환하게 밝힌다. 조선 시대 만들어진 '광통교'와 스크린을 통해 사랑을
고백할 수 있는 '청혼의 벽' 등 아기자기한 볼거리가 많다. 매년 11월에 서울빛초롱축제가 열린다.

> **info.**

대중교통　①서울역에서 서울 지하철 4호선 승차 후 충무로역 하차, 2번 출구로 나와서 대한극장앞 정류장에서
　　　　　02번 순환버스 승차 후 국립극장 정류장 하차
　　　　　②서울고속버스터미널에서 서울 지하철 3호선 승차 후 동대입구역 하차,
　　　　　6번 출구로 나와 장충동 정류장에서 02번 순환버스 승차 후 국립극장 정류장 하차

내비게이션　N서울타워(서울특별시 용산구 남산공원길 105, 02-3455-9277),
　　　　　청계천문화관(서울특별시 성동구 청계천로 530, 02-2286-3410)

**어디서
묵을까**　북촌 한옥마을에서 한옥 체험을 할 수 있다. 두게스트하우스(02-3672-1977)는 겉모습은 옛 한옥이지만
　　　　실내는 현대식으로 꾸며져 편리하다. 특히 'ㅁ'자형 마당과 정원은 한옥의 멋을 그대로 간직하고 있다.

　　　　문의: 명동관광정보센터(02-778-0333)

> **대표적인
> 서울 맛집골목**

서울 광장시장(빈대떡, 마약김밥, 육회)
주소: 서울 지하철 1호선 종로5가역 7번 출구에서 도보 5분
흑석동 돼지갈비골목(양념돼지갈비, 생갈비)
주소: 서울 지하철 9호선 흑석역 4번 출구에서 도보 10분
장충동 족발골목(족발, 냉채족발)
주소: 서울 지하철 3호선 동대입구역 3번 출구에서 도보 5분

병천 순대국밥
VS
밀양 돼지국밥

추운 겨울날 뜨끈한 국에 밥을 말아 먹고 나면 세상을 모두 얻은
것처럼 행복하다. 여름에는 땀을 닦아가며 국밥 한 그릇을 비우고
나면 이열치열로 더위를 이기게 된다. 순대국밥과 돼지국밥은
돼지고기와 부산물을 주재료로 해서 그런지 국물이 뽀얗고 구수하다.
직장인들에게는 식사와 술안주로, 여행자들에게는 지역 향토음식으로
친근하게 다가온다.

병천 순대국밥↑   밀양 돼지국밥↓

속이 꽉 찬 중부의 맛
병천 순대국밥

유관순 열사가 3.1만세 운동을 펼쳤던 아우내장터. 이것은 충청남도 천안시 병천면에 있는 병천시장의 우리 이름이다. 장터는 당시 교통의 요충지였던 천안 삼거리로 향하는 길목이었기에 언제나 사람들로 붐볐다. 순대국밥은 배고픈 시절 허기진 배를 채울 수 있는 값싸고 푸짐한 음식이었다. 1960년대 병천면에 돼지고기를 취급하는 햄 공장이 들어선 이후, 병천순대는 새로운 전기를 마련한다. 햄을 만들고 남은 돼지 내장에 다양한 채소를 넣은, 지금껏 없었던 새로운 순대가 탄생한 것이다.

병천순대의 특징은 돼지 창자 중에서도 부드러운 소창에 양배추, 양파, 선지 등을 넣어 식감이 부드럽다. 일반 순대가 당면을 주재료로 사용하는 것에 비해 상당히 고급인 셈이다. 돼지 누린내를 잡기 위해 마늘과 생강 등을 첨가하기도 한다. 국물은 자극적이지 않고 담백하다. 수수한 면모가 시장 사람을 닮았다.

병천시장에는 순대특화거리가 조성되어 있다. 원조로 알려진 '청화집'은 60년 이상 대를 잇고 있다. 순대국밥 한 그릇만 시켜도 그릇이 비좁을 만큼 양이 푸짐하다. 입맛에 따라 얼큰순대를 선택해도 된다. 다른 집들도 20~30년씩 장사를 하고 있어 저마다 특화된 손맛을 자랑한다. 병천오일장은 1·6일에 열린다.

독립기념관　　　　　　　　　유관순 동상

천안 이곳저곳 누비기

독립기념관은 국내 최대의 전시 시설을 갖추고 있는 역사 체험 공간이다. 5천 년 동안 외세의 침략에 굴하지 않고 대한민국을 지켜 물려준 선열들의 숭고한 역사를 확인할 수 있다. 제1전시관에서 제7전시관까지 나뉘어 겨레의 뿌리와 근·현대 격동기의 역사를 사실적으로 보여준다. 야외 전시관은 산책로가 꾸며져 있어 다양한 테마로 박물관을 즐길 수 있다.

유관순 열사 사적지는 유관순 열사의 정신을 전하기 위하여 건립한 곳이다. 유관순 열사는 선교사가 세운 이화학당 재학 중에 아우내장터에서 만세 운동을 주도했다. 그가 태어난 생가와 몸을 담았던 매봉교회, 그리고 기념관이 있으니 함께 들러보기 바란다. 유관순 열사가 태극기를 군중에게 나누어주고 만세 운동을 벌였던 아우내장터에는 현재 병천순대거리가 조성되어 있다.

대중교통　①동부천안역 정류장에서 383번, 400번 버스 승차 후 독립기념관 정류장 하차
　　　　　　②천안종합버스터미널 앞 종합터미널 정류장에서 383번, 400번 버스 승차 후 독립기념관 정류장 하차

내비게이션　독립기념관(충청남도 천안시 동남구 목천읍 삼방로 95, 041-560-0114), 유관순열사기념관(충청남도 천안시
　　　　　　동남구 병천면 유관순길 38, 041-564-1223)

어디서　　테딘패밀리리조트(041-906-7000)는 천안에서 가장 많은 객실을 보유한 대규모 휴양 콘도미니엄이다.
묵을까　　백설공주, 피터 팬, 와인 등 다양한 테마 객실과 골드, 플래티넘, 다이아몬드 객실 타입이 있다. 로마, 스페인,
　　　　　　핀란드 등 유럽을 옮겨 놓은 테딘워터파크와 함께 운영한다.

　　　　　　문의: 천안시청 문화관광과(041-521-5158), 천안역관광안내소(041-521-2038)

대표적인 병천
순대국밥 맛집　
충남집(순대국밥, 모둠순대)
주소: 충청남도 천안시 병천면 충절로 1748, 문의: 041-564-1079
박순자 아우내순대(순대국밥, 모둠순대)
주소: 충청남도 천안시 동남구 병천면 아우내순대길 47, 문의: 041-564-1242
청화집(순대, 순대국밥, 구기자동동주)
주소: 충청남도 천안시 동남구 병천면 충절로 1749, 문의: 041-564-1558

경상도의 투박한 입맛
밀양 돼지국밥

수도권 사람들이 순대국밥과 설렁탕을 즐기듯 경상도 사람들은 유별나게 돼지국밥을 즐긴다. 언뜻 보기에 돼지국밥이 순대국밥과 닮았지만 분명 다르다. 돼지국밥의 유래는 여러 설이 있으나 한 가지 공통점이 있다. 일제 강점기와 한국 전쟁을 거치면서 힘들고 가난했던 시절에 먹던 음식이란 점이다. 돼지국밥은 돼지 뼈를 오랫동안 끓인 뽀얀 우윳빛 국물의 경상도식과 돼지고기를 끓인 맑은 국물의 이북식으로 나뉜다. 《음식강산》의 저자 박정배 작가의 칼럼에 의하면 돼지국밥집은 '2013년 4월 현재, 경남 795개, 부산 710개, 대구와 경북 605개가 있다'고 한다.

경상남도 밀양은 대구와 경상남도의 경계 지역인 만큼 전통적으로 유동 인구가 많은 고장이다. 밀양 전통시장 내에 있는 '단골집'은 한국 전쟁 전부터 시어머니가 돼지국밥을 끓여 팔았는데, 그것을 며느리가 물려받았다. 벌써 60년이 넘었다. 돼지국밥에 머릿고기와 부속물이 함께 넣어 옛 맛을 지키고 있다. 방아잎을 넣어주는 게 특이하다. 방아잎 향이 싫다면 주문할 때 이야기하면 된다. 부추를 넣어 먹거나 양파를 된장에 찍어 먹으면 단맛이 나서 더 맛있다.

부산은 중앙동, 범일동, 사상터미널에 전통과 맛을 잇는 집들이 많다. 관광객들이 주로 찾는 광안리와 해운대는 물론 경상도 전역에서 돼지국밥집을 찾기란 순대국밥집이나 설렁탕집을 찾기보다 쉽다.

위양못   영남루에서 바라본 밀양 시내   영남루

밀양 이곳저곳 누비기

영남루는 진주 촉석루, 평양의 부벽루와 더불어 우리나라 3대 누각으로 손꼽힌다. 밀양 시내 중심부에 있어 오가며 쉽게 볼 수 있다. 누각에 오르면 밀양강 뒤로 시내 전체가 한눈에 들어온다. 영남루의 야경 또한 볼만하다.

퇴로고가농촌체험마을은 옛 농촌의 풍경을 그대로 담고 있다. 옛 기와집과 초가집에서 한옥 체험이 가능하다. 마을 주민들이 직접 생활하는 손때 묻은 공간이어서 더욱 정겹다. 가산저수지 흙길을 따라가다 보면 신라 시대에 농업용수 공급을 위해 축조한 위양못을 볼 수 있다. 봄철에 쌀알처럼 꽃망울이 터지는 이팝나무가 특히 아름답다.

밀양연극촌은 폐교된 월산초등학교에 세워진 복합문화예술공간이다. 배우들이 거주하면서 공연을 준비하고, 주말에는 연극을 무대에 올린다. 여름에는 밀양여름공연예술축제가 개최되어 많은 사람이 찾고 있다.

info.

대중교통
①밀양역 정류장에서 1번 버스 승차 후 청학서점 정류장 하차
②밀양시외버스터미널 앞 시외버스터미널 정류장에서 1번 버스 승차 후 영남루 정류장 하차

내비게이션
영남루(경상남도 밀양시 중앙로 324), 퇴로고가농촌체험마을(경상남도 밀양시 부북면 퇴로로 233 퇴로복지회관),
055-355-7022), 밀양연극촌(경상남도 밀양시 부북면 가산리 78, 055-355-2308)

어디서 묵을까
퇴로고가농촌체험마을(070-7313-7022)에서 숙박과 농촌 체험을 동시에 즐겨보자. 뽕나무집 내부는
시설이 현대적이다. 전통문화관에서 숙박하면 장 담그기, 인절미 만들기 등 농촌 체험도 할 수 있다.

문의: 밀양시청 문화관광과(055-359-5646)

대표적인 밀양 돼지국밥 맛집
단골집(돼지국밥, 순대국밥)
주소: 경상남도 밀양시 중앙로 347, 문의: 055-354-7980
설봉돼지국밥(돼지국밥, 내장국밥, 수육백반)
주소: 경상남도 밀양시 노상하3길 4, 문의: 055-356-9555
동부식육식당(소국밥, 소곰탕, 소수육)
주소: 경상남도 밀양시 무안면 무안중앙길 5, 문의: 055-352-0023

27
골라 먹는
재미가 있는
주전부리

서울 명동
VS
전주 한옥마을

서울 명동과 전주 한옥마을은 내·외국 여행자들로 언제나 붐빈다.
특히 세계적 트렌드인 '주전부리 여행'의 중심지로 알려지면서
핫플레이스로 등극한 지 오래다. 부담 없는 가격과 독특한 콘셉트로
무장한 길거리 음식은 맛은 물론 눈으로 보는 즐거움까지 제공한다.
대한민국의 중심 명동과 조선 왕조의 관향인 전주가 길거리 음식으로
한판 대결을 펼친다.

서울 명동↑

전주 한옥마을↓

요우커(遊客)의 거리

서울 명동

요우커. 본디 관광객을 의미하는 중국어지만 우리나라에 온 중국인 관광객을 통칭하는 말로 굳어졌다. 관광과 쇼핑을 한자리에서 즐길 수 있는 명동은 요우커의 천국이다.

서울 지하철 4호선 명동역에서 2호선 을지로입구역으로 가는 길이 명동 중심거리다. 오후 3시 무렵부터 자정까지 거리는 노점 수레가 점령한다. 가장 눈에 많이 띄는 메뉴는 얇게 깎은 감자를 꼬치에 끼워 튀겨낸 회오리감자이다. 삼겹살을 떡이나 아스파라거스에 말아 한입에 먹기 좋게 구워낸 삼겹살꼬치, 동서양의 조화를 보는 듯한 딸기초콜릿퐁듀꼬치, 문어에 가다랑어포를 흩뿌린 문어해산물꼬치, 찹쌀떡에 생딸기를 더한 '딸찌', 인사동을 주름잡던 꿀타래, 홍대와플과 통오징어튀김도 만날 수 있다.

가격은 한입에 쏙 넣고 입맛을 다실 수 있는 양이라면 2천 원 정도이고, 식사 대용으로 먹을 수 있는 것은 5천 원 수준이다. 길거리 음식의 고전인 김떡순(김밥, 떡볶이, 순대)도 자리를 차지하고 있다. 맛의 균형을 유지하기 위해 꼭 필요한 메뉴다.

명동의 길거리 음식은 우리에게는 익숙하지만 외국 여행자에게는 낯선 음식이다. 길거리 음식은 단순히 음식 차원을 넘어 거리 문화로 인식된다. 우리나라 사람이 해외여행 중 먹자골목에서 즐기는 이색 먹거리 문화 체험과 같은 것이다.

이태원 레바논 음식   경리단길 추로스

서울 이곳저곳 누비기

홍대거리는 서울에서 가장 젊은 곳이다. 미술대학으로 유명한 홍익대학교를 중심으로 의류와 액세서리 가게, 맛집이 몰려 있어 젊은 층이 많이 찾는다. 또한, 홍대 앞 클럽 문화로 유명하다. 재즈, 댄스, 라이브 클럽 등 선택의 폭이 넓다. 디자이너들의 감각을 볼 수 있는 토요홍대프리마켓, 젊은 예술가들의 열정이 숨 쉬는 피카소거리, 홍대 인디밴드 공연 등을 챙겨 보자.

이태원거리는 전 세계인이 모여 있는 작은 지구촌이다. 다른 곳에서 쉽게 접할 수 없는 스위스, 레바논 음식 등 독특한 음식문화를 경험할 수 있다. 이국적인 상품으로 가득 찬 이태원시장에는 외국인 체격에 맞춘 빅사이즈 의류도 많다. 세계적인 소장품을 보유한 삼성미술관 리움이 근처에 있는데, 건물 자체가 거대한 예술품이다. 외국인 셰프와 유학파 셰프들이 주류를 이룬 맛집 거리 경리단길도 함께 돌아보면 좋다.

info.

대중교통　①서울역버스환승센터 정류장에서 603번 버스 승차 후 서교동예식장타운 정류장 하차
　　　　　　　②서울 지하철 2호선 홍대입구역 하차 후 9번 출구로 나와서 도보로 16분

내비게이션　홍대프리마켓(서울특별시 마포구 연남로1길 84, 02-325-8553), 이태원거리(서울특별시 용산구 이태원동),
　　　　　　　삼성미술관 리움(서울특별시 용산구 이태원로55길 60-16, 02-2014-6900)

어디서　　　홍게스트하우스(02-967-6696)는 인사동, 경복궁, 창덕궁 등 유명 관광명소와 인접해 있다. 지하철 1호선
묵을까　　　종로5가역에서 가까우며, 공항에서 6002번 버스를 타고 한 번에 올 수 있다. 객실 외에도 넓은 거실과 옥상
　　　　　　　휴게실이 있다.

　　　　　　　문의: 이태원관광안내소(02-3785-0942), 마포관광정보센터(02-334-7878)

대표적인　　**명동 길거리 음식(새우감자말이, 초콜릿 딸기, 누텔라크레페)**
서울 길거리　주소: 서울 지하철 4호선 명동역 6번 출구로 나와서 도보 2분
음식 골목　　**노량진 길거리 음식(김치삼겹컵밥, 베트남볶음밥, 펜케이크)**
　　　　　　　주소: 서울 지하철 1호선 노량진역 3번 출구로 나와서 도보 2분
　　　　　　　홍대 길거리 음식(달꽃크레페, 롱플, 와우햄버거)
　　　　　　　주소: 서울 지하철 2호선 홍대입구역 9번 출구로 나와서 도보 6분

주전부리 여행의 중심
전주 한옥마을

가히 전주답다. '맛' 하면 가장 먼저 떠오르는 곳이 전주다. 화려한 상차림의 전주한정식과 얼큰하고 시원한 전주콩나물국밥, 30여 가지의 제철 재료를 넣고 비비는 전주비빔밥까지. 어디 이뿐이던가. 최근에는 가볍게 먹을 수 있는 주전부리까지 합세해 음식 문화 제2의 전성기를 맞고 있다.

한옥마을관광안내소에서 곧게 뻗은 태조로를 따라 직진하면 경기전까지 길거리 음식들이 즐비하다. 음식 하나씩 손에 든 여행자들은 대부분 20대 젊은 층으로 한옥마을의 새로운 흐름을 알 수 있다.

전국 어디서도 맛볼 수 없는 80년 전통을 자랑하는 수제초코파이는 1인당 2상자까지만 살 수 있다. 길게 늘어선 줄이 아이돌 스타에게 사인을 받으려는 줄처럼 길다. 비빔밥으로 만든 고로케는 전주에서만 먹을 수 있는 별미. 햄버거와 비교해도 양과 맛에 있어 절대 뒤지지 않는다. 불판에 구운 임실치즈구이, 크림치즈를 넣은 바삭한 추로스, 떡갈비로 만든 꼬치, 문어와 가다랑어포 그리고 시원한 생맥주 등 입맛 따라 골라 먹는 재미에 푹 빠진다. 가격은 2~3천 원대로 부담 없다. 가게 문 여는 시간은 오전 11시경부터 저녁 시간까지이다. 모두 맛보려면 하루가 부족하다. 역시 예나 지금이나 전주는 우리나라 음식 문화의 중심에 서 있다.

수제초코파이   고로케   바케트   떡갈비

경기전에 있는 태조 이성계의 어진   자만벽화마을

전주 이곳저곳 누비기

한옥마을 중심부에 있는 경기전은 '새로운 왕조가 태어난 경사스러운 터'란 뜻이다. 태종 10년, 태조 이성
계의 어진(임금의 초상화)을 보관하기 위해 만들었다. 조선이 새롭게 건국되고, 왕의 권위를 세우기 위해 지
었으나 선조 30년 정유재란 때 화재로 소실되었다. 다행히 어진은 미리 옮겨 놓아서 화를 면했다. 최근
각종 드라마의 촬영 장소가 되면서 전국적인 명소가 되었다.

자만벽화마을은 전주 한옥마을 근처에 있다. 한옥마을 가장자리에 있는 승암산과 기린봉 자락 낮은 산봉
우리를 가리켜 오목대, 이목대라 부른다. 이들을 둘러싼 골짜기가 자만동으로, 전주 이씨의 발상지이다.
2013년부터 이곳에 벽화가 그려지면서 한옥마을 근처 '벽화마을'로 인기를 얻고 있다. 오목대에서 이목대
로 가는 육교를 지나면 바로 갈 수 있어서 한옥마을과 연계해 다니기 좋다. 아기자기한 카페와 빵집이 속
속 생기면서 젊은 층들이 많이 찾고 있다.

 info.

대중교통   ①전주역 정류장에서 119번 버스 승차 후 한옥마을 정류장 하차
            ②전주고속버스터미널 앞 금암광장 정류장에서 61번, 165번, 684번 버스 승차 후 한옥마을 정류장 하차

내비게이션   경기전(전라북도 전주시 완산구 풍남동3가 102, 063-287-1330), 자만벽화마을(전라북도 전주시 완산구 교동)

**어디서
묵을까**   승광재(063-284-2323)는 조선의 마지막 황손 이석이 거주하며, 한옥 체험을 운영하는 곳이다. 승광재는 '광무
제국을 이어가는 집'이란 뜻으로, 광무(光武)는 고종의 연호이다. 의친왕의 11번째 아들 이석은 조선 황실 문화의
산증인이다.

            문의: 한옥마을관광안내소(063-284-1126)

**대표적인 전주
주전부리 맛집**   **전주 PNB 풍년제과(초코파이, 화이트초코파이, 센베)**
            주소: 전라북도 전주시 완산구 팔달로 180, 문의: 063-283-5252
            다우랑만두(나뭇잎만두)
            주소: 전라북도 전주시 완산구 태조로 33, 문의: 063-285-5000
            교동고로케(전주비빔밥고로케, 찹쌀도넛, 고구마생도넛)
            주소: 전라북도 전주시 완산구 경기전길 126, 문의: 063-283-5555

통영 다찌
VS
전주 막걸리

주당천리(酒黨千里). 좋은 술을 찾아 천릿길도 마다치 않고 떠난다면
당신은 진정한 주당이다. 그렇다면 우아한 지성미는 잠시 접어두자.
술은 가식을 여지없이 무너뜨리는 힘을 지녔다. 사람과 사람, 가슴과
가슴이 만나는 술상에서는 단단히 채웠던 마음의 빗장도 벗겨진다.
여기에 빠질 수 없는 산해진미 안주가 등장하면 흥취가 절로난다.
통영 다찌는 해산물이, 전주 막걸리 주점은 육해공이 총출동한다.

통영 다찌↑

전주 막걸리↓

풍부한 해산물의 향연
통영 다찌

통영은 삼도수군통제영을 줄여서 부른 이름이다. 한국의 나폴리라 불릴 만큼 바다가 아름답고, 사람들의 인심도 후하다. 유치환, 박경리, 김춘수 등 내놓으라는 문화예술인들을 줄줄이 배출한 것도 우연이 아닐 성 싶다.

통영은 예로부터 임금님 수라상에 진상할 만큼 질 좋은 물산이 풍부했다. 그러다 보니 미식가들의 발목을 잡는 음식들이 유난히 많다. 그중에서도 주당(酒黨)을 유혹하는 데는 다찌만한 게 없다. 다찌란 통영에서만 볼 수 있는 독특한 음주 문화이다. '선 채로 술을 마신다'라는 뜻의 일본어 '다찌노미(立ち飮み)'에서 유래한 말이다. 하지만 술상 차림은 절대 선 채로 마실 수 있는 수준이 아니다. 웬만한 코스 요리를 기대해도 좋다. 본래 다찌는 술값만 계산하고, 안주는 덤으로 따라 나오는 방식이었다. 술 잘 마시기로 소문난 통영 사람들에게 최적의 음주 시스템이었다. 그런데 관광객들이 많이 찾아와 술은 별로 마시지 않고, 안주만 계속 나가면서 문제가 생겼다. 결국, 수지를 맞출 수 없게 되자, 요즘은 1인당 2~3만 원씩 가격을 책정해 상차림을 해준다. 다만, 안주의 선택권은 예나 지금이나 주인이 쥐고 있다. 손님은 주인이 내주는 대로 받아먹을 뿐. 안주는 그날 들어온 싱싱한 해산물로, 계절에 따라 달라진다. 현지인들이 많이 찾는 '물보라다찌'와 론니플래닛에 소개된 '벅수실비'가 유명하다.

통영의 작은 명동, 항남1번가   전혁림미술관   윤이상기념관 실내 모습

통영 이곳저곳 누비기

통영 중앙우체국 주변으로 문화예술 도보여행이 가능하다. 청마 유치환이 직접 연서를 보냈던 우체국과 세계적인 음악가 윤이상을 기리는 기념관은 도보로 이동할 수 있다. 현지인들이 '항남1번가'라 부르는 중앙우체국 가는 길이 청마거리이다. 서울의 명동처럼 옷, 화장품, 액세서리를 판매하는 가게가 좁은 골목에 즐비하다. 우체국 앞에는 빨간 우체통과 시비가 나란히 있다. 유치환 시인이 5천여 통의 편지를 보낸 곳이다. 시인은 세상에 없지만 아름다운 시어들이 남아 의미를 전한다. 10분 남짓 걸어가면 윤이상기념관에 닿는다. 통영 출신인 그는 14살부터 독학으로 작곡을 시작했다. 기념관에는 선생이 사용하던 바이올린과 첼로 등 유품이 전시되어 있는데, 딸에게 보낸 엽서가 인상적이다.

한국의 샤갈, 피카소로 불리는 전혁림은 통영의 코발트빛 바다를 가슴에 품고 살았다. 그는 정규 미술 교육을 받은 적이 없지만, 한국미술계의 거장이 되었다. 그가 남긴 유품과 작품을 전혁림미술관에서 감상할 수 있다.

info.

대중교통   통영종합버스터미널 앞 시외버스터미널 정류장에서 101번, 231번, 301번 버스 승차 후 중앙시장 정류장 하차

내비게이션   통영중앙우체국(경상남도 통영시 세병로 5, 055-646-8001), 윤이상기념관(경상남도 통영시 중앙로 27 도천테마공원, 055-644-1210), 전혁림미술관(경상남도 통영시 봉수1길 10, 055-645-7349)

**어디서
묵을까**   산양일주도로 초입에 있는 슬로비게스트하우스(010-3943-1178)는 여행자들의 쉼터와도 같다. 인터넷이 가능한 널찍한 카페에서 바다를 조망하며 차를 즐기는 것만으로도 힐링이 된다. 저녁에는 다른 여행자들과 함께 바비큐 파티에 참여할 수 있다.

문의: 통영관광안내소(055-650-4680~1)

**대표적인 통영
다찌 맛집**

물보라다찌(문어숙회, 홍합죽, 가리비찜, 유곽)
주소: 경상남도 통영시 동충4길 48, 문의: 055-646-4884
호두나무실비(모둠회, 통게찜, 간장게장, 장어구이)
주소: 경상남도 통영시 무전4길 14, 문의: 055-646-2773
벅수실비(전복죽, 멍게, 해삼, 성게알, 새우구이)
주소: 경상남도 통영시 항남2길 15-8, 문의: 055-641-4684

육해공 산해진미가 이어진다

전주 막걸리

다채로운 상차림과 막걸리가 만난 '전주 막걸리골목'은 전주의 음주문화 아이콘이다. 전주에는 삼천동, 서신동, 평화동, 우아동, 효자동, 중화산동 등 권역별로 막걸리촌이 형성되어 있다. 이들 중 원조 막걸리촌인 삼천동 막걸리골목에는 20개 이상의 주점이 모여 있다. 전주 명물인 막걸리촌은 1997년 외환위기 당시 경제적으로 힘든 시민들이 막걸리를 주문하면 기본 안주를 내주던 것에서 시작하여, 지금은 20여 가지 안주를 제공하고 있다. 막걸리 한 주전자 값은 기본 차림이 2만 원 선이고, 주점마다 운영하는 스페셜 코스는 대체로 2인 기준 3만 원 이상부터 가격이 책정된다. 안주는 한상 차림에 메인 안주 2~3개가 나오고, 밑반찬 같은 안주가 7~8개씩 나온다. 다양한 안주를 조금씩 맛보길 원하는 안주 킬러에게는 안성맞춤이다.

음주 다음 날, 숙취 해소에는 전주콩나물국밥이 그만이다. 콩나물, 김치, 고춧가루, 달걀, 삶은 오징어를 넣어 함께 끓여내는데, 밥을 따로 말아 먹는 방식이 '남부시장식', 밥을 뚝배기에 넣어 끓여내는 방식이 '삼백집식'이다. 막걸리에 생강, 대추, 계피, 배 등을 넣고 하루 동안 끓인 모주를 함께 먹으면 더욱 좋다.

부채체험관   전주전통술박물관

전주 이곳저곳 누비기

전주전통술박물관은 사라져 가는 전통술의 역사와 현재를 조명한 곳이다. 전통술을 제조하는 방법을 닥종이 인형으로 재미있게 표현하고 있다. 특히 곡류를 발효시켜 증류한 술인 '소주'에 관한 자세한 내용을 알 수 있다. 김천 과하주, 이강주, 안동소주 등 유명 전통주가 한자리에 모여 있다. 예약하면 전통주 빚기에 직접 참여할 수 있다.

전주부채문화관에서는 전통부채와 현대적인 감각의 다양한 부채들이 전시 중이다. 지선실, 청풍실, 바람소리관으로 나누어져 있어 전시된 부채를 구경할 수 있을 뿐 아니라 선물용 부채를 살 수도 있다. 부채를 직접 만들어보는 체험교실도 함께 운영한다.

남부시장은 현지인들이 자주 찾는 곳이다. 콩나물국밥, 옛날통닭 등 서민적인 먹거리가 많다. 밤에는 야시장이 서는데 주차장이 일순간에 시장으로 바뀐다. 청년들이 직접 만든 수제 과일잼 등 각종 먹거리와 일상용품을 살 수 있어 분위기가 활기차다.

info.

대중교통 ①전주역 정류장에서 119번, 535번 버스 승차 후 동부시장 정류장 하차
②전주시외버스터미널 앞 금암광장 정류장에서 165번, 684번 버스 승차 후 한옥마을 정류장 하차

내비게이션 전주전통술박물관(전라북도 전주시 완산구 한지길 74, 063-287-6305), 전주부채문화관(전라북도 전주시 완산구 경기전길 93, 063-231-1774), 남부시장(전라북도 전주시 완산구 풍남문2길 63, 063-284-1344)

어디서 묵을까 학인당(063-284-9929)은 전주 한옥마을 내에 있는 종갓집이다. 1908년에 완공되어 한옥마을에서 가장 오래된 집이다. 넓은 마당에는 잘 가꿔진 정원과 연못이 있다. 해방 이후에 백범 김구 선생을 비롯한 정부 요인들의 영빈관으로 사용되기도 했다.

문의: 한옥마을관광안내소(063-284-1126)

대표적인 전주 막걸리 맛집

달빛소리(굴찜, 소라구이, 김치전, 아귀찜, 홍어삼합)
주소: 전라북도 전주시 완산구 중화산동2가 274-5, 문의: 063-282-5900

옛촌막걸리(돼지족발, 삼계탕, 두부김치, 계장밥)
주소: 전라북도 전주시 완산구 서신천변로 11, 문의: 063-272-9992

한옥막걸리(떡갈비, 홍어삼합, 동태찜, 녹두빈대떡)
주소: 전라북도 전주시 완산구 은행로 12, 문의: 063-231-5005

찾아보기

찾아보기

내가 선택한 최고의 여행

2015년 9월 18일 초판 1쇄 인쇄
2015년 9월 29일 초판 1쇄 발행

글 · 사진 | 임운석
발행인 | 이원주
책임편집 | 손모아
마케팅 | 이재성

발행처 | (주)시공사
출판등록 | 1989년 5월 10일(제3-248호)

주소 | 서울시 서초구 사임당로 82(우편번호 137-879)
전화 | 편집 (02)2046-2863 · 영업 (02)2046-2800
팩스 | 편집 (02)585-1755 · 영업 (02)588-0835
홈페이지 | www.sigongsa.com

ISBN 978-89-527-7461-3 13980